吉林省矿产资源潜力评价系列成果，
是所有在白山松水间
辛勤耕耘的几代地质工作者
集体智慧的结晶。

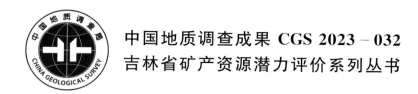

中国地质调查成果 CGS 2023-032

吉林省矿产资源潜力评价系列丛书

吉林省铬铁矿矿产资源潜力评价

JILIN SHENG GETIEKUANG KUANGCHAN ZIYUAN QIANLI PINGJIA

松权衡 薛昊日 庄毓敏 于 城 等编著

图书在版编目(CIP)数据

吉林省铬铁矿矿产资源潜力评价 / 松权衡等编著. —武汉:中国地质大学出版社,2023.12
(吉林省矿产资源潜力评价系列丛书)
ISBN 978-7-5625-5753-1

Ⅰ.①吉… Ⅱ.①松… Ⅲ.①铬铁矿-资源潜力-资源评价-吉林 Ⅳ.①P618

中国国家版本馆 CIP 数据核字(2023)第 249490 号

吉林省铬铁矿矿产资源潜力评价		松权衡 薛昊日 庄毓敏 于 城 等编著	
责任编辑:李应争	选题策划:毕克成 段 勇 张 旭		责任校对:徐蕾蕾
出版发行:中国地质大学出版社(武汉市洪山区鲁磨路 388 号)			邮编:430074
电　　话:(027)67883511	传　　真:(027)67883580		E-mail:cbb@cug.edu.cn
经　　销:全国新华书店			http://cugp.cug.edu.cn
开本:880 毫米×1230 毫米　1/16		字数:182 千字	印张:6
版次:2023 年 12 月第 1 版		印次:2023 年 12 月第 1 次印刷	
印刷:武汉中远印务有限公司			
ISBN 978-7-5625-5753-1			定价:98.00 元

如有印装质量问题请与印刷厂联系调换

吉林省矿产资源潜力评价系列丛书编委会

主　任：林绍宇
副主任：李国栋
主　编：松权衡
委　员：赵　志　赵　明　松权衡　邵建波　王永胜
　　　　于　城　周晓东　吴克平　刘颖鑫　闫喜海

《吉林省铬铁矿矿产资源潜力评价》

编著者：松权衡　薛昊日　庄毓敏　于　城
　　　　杨复顶　李德洪　王　信　张廷秀
　　　　李任时　王立民　徐　曼　张　敏
　　　　苑德生　袁　平　张红红　王晓志
　　　　曲红晔　宋小磊　任　光　马　晶
　　　　崔德荣　刘　爱　王鹤霖　岳宗元
　　　　付　涛　闫　冬　李　楠　李　斌

前 言

"吉林省矿产资源潜力评价"为国土资源部（现为自然资源部）中国地质调查局部署实施的"全国矿产资源潜力评价"省级工作项目，主要目标是在现有地质工作程度的基础上，充分利用吉林省基础地质调查与矿产勘查工作成果和资料，应用现代矿产资源评价理论方法和 GIS 评价技术，开展全省重要矿资源潜力评价，基本摸清全省矿产资源潜力及其空间分布，开展对吉林省成矿地质背景、成矿规律、重力、磁测、化探、遥感、自然重砂、矿产预测等工作的研究，编制各项工作的基础和成果图件，建立与吉林省重要矿产资源潜力评价相关的重力、磁测、化探、遥感、自然重砂的空间数据库。

"吉林省铬铁矿矿产资源潜力评价"是"吉林省矿产资源潜力评价"项目的工作内容之一，提交了《吉林省铬铁矿矿产资源潜力评价成果报告》及相应的图件，系统地总结了吉林省铬铁矿的勘查研究历史、存在的问题及资源分布特征，划分了矿床成因类型，研究了成矿地质条件及控矿因素。本书以小绥河铬铁矿作为典型矿床研究对象，从吉林省大地构造演化与铬铁矿时空的关系、区域控矿因素、区域成矿特征、矿床成矿系列、区域成矿规律，以及物探、化探、遥感信息特征等方面总结了预测工作区及全省铬铁矿成矿规律，预测了吉林省铬铁矿的资源量，评价了重要找矿远景区的地质特征与资源潜力。

本书是本区地质工作者集体智慧的总结。在铬铁矿矿产资源潜力评价过程中以及在本书编写的过程中，收到很多专家提出的宝贵意见，并且书中参考和引用了大量前人的勘查与研究成果。在此，对为本书做出贡献的地质勘查工作者、科研工作者以及提出宝贵意见的专家表示诚挚的感谢！

编著者

2023 年 10 月

目 录

第一章 概 述	(1)
第二章 以往工作程度	(3)
第一节 基础地质工作程度	(3)
第二节 重力、磁测、化探、遥感、自然重砂调查及研究	(5)
第三节 矿产勘查及成矿规律研究	(9)
第四节 地质基础数据库现状	(10)
第三章 地质矿产概况	(13)
第一节 成矿地质背景	(13)
第二节 区域矿产特征	(14)
第三节 区域地球物理、地球化学、遥感、自然重砂特征	(18)
第四章 预测评价技术思路	(33)
第五章 成矿地质背景研究	(35)
第一节 技术流程	(35)
第二节 建造构造特征	(35)
第三节 大地构造特征	(37)
第六章 典型矿床与区域成矿规律研究	(38)
第一节 技术流程	(38)
第二节 典型矿床地质特征	(39)
第三节 预测工作区成矿规律研究	(44)
第七章 重力、磁测、物探、化探、遥感、自然重砂应用	(48)
第一节 重 力	(48)
第二节 磁 测	(50)
第三节 化 探	(52)
第四节 遥 感	(54)
第五节 自然重砂	(57)
第八章 矿产预测	(59)
第一节 矿产预测方法类型及预测模型区选择	(59)

第二节　矿产预测模型与预测要素图编制 …………………………………………………（60）

　　第三节　预测区圈定 …………………………………………………………………………（68）

　　第四节　预测要素变量的构置与选择 ………………………………………………………（68）

　　第五节　预测区优选 …………………………………………………………………………（70）

　　第六节　资源量定量估算 ……………………………………………………………………（71）

　　第七节　预测区地质评价 ……………………………………………………………………（75）

第九章　吉林省铬铁矿成矿规律总结 ……………………………………………………………（78）

　　第一节　铬铁矿成矿规律 ……………………………………………………………………（78）

　　第二节　成矿区（带）划分 ……………………………………………………………………（81）

　　第三节　区域成矿规律图编制 ………………………………………………………………（82）

第十章　结　论 ……………………………………………………………………………………（83）

主要参考文献 ………………………………………………………………………………………（84）

第一章 概 述

"吉林省铬铁矿矿产资源潜力评价"是吉林省矿产资源潜力评价的重要矿种潜力评价项目工作之一，其目的：一是在现有地质工作程度的基础上，充分利用吉林省基础地质调查与矿产勘查工作成果和资料，充分应用现代矿产资源预测评价的理论方法和 GIS 评价技术，开展全省铬铁矿资源潜力评价，基本摸清铬铁矿资源潜力及其空间分布；二是开展吉林省与铬铁矿有关的成矿地质背景、成矿规律、物探、化探、遥感、自然重砂、矿产预测等工作的研究，编制各项工作的基础和成果图件，建立吉林省铬铁矿资源潜力评价相关的地质、矿产、物探、化探、遥感、重砂空间数据库；三是培养一批综合型地质矿产人才。

完成的主要任务：按照大陆动力学理论和大地构造相工作方法，依据技术要求的内容、方法和程序对吉林省已有的区域地质调查和专题研究等资料包括沉积岩、火山岩、侵入岩、变质岩、大型变形构造等各个方面进行系统整理归纳。以 1∶25 万实际材料图为基础，编制吉林省沉积(盆地)建造构造图、火山岩相构造图、侵入岩浆构造图、变质建造构造图以及大型变形构造图，从而完成吉林省大地构造相图的编制工作；在初步分析成矿大地构造环境的基础上，按铬铁矿矿产预测类型的控制因素以及分布，分析成矿地质构造条件，为铬铁矿矿产资源潜力评价提供成矿地质背景和地质构造预测要素信息，也为吉林省铬铁矿矿产资源潜力评价项目提供区域性和评价区基础地质资料，从而完成吉林省铬铁矿成矿地质背景课题研究工作。

在现有地质工作程度的基础上，全面总结吉林省基础地质调查与矿产勘查工作成果和资料，充分应用现代矿产资源预测评价的理论方法和 GIS 评价技术，开展铬铁矿资源潜力预测评价，基本摸清吉林省重要矿产资源潜力及其空间分布。本书重点研究吉林省铬铁矿典型矿床，提取典型矿床的成矿要素，建立典型矿床的成矿模式；研究典型矿床区域内地质、物探、化探、遥感和矿产勘查等综合成矿信息，提取典型矿床的预测要素，建立典型矿床的预测模型；在典型矿床研究的基础上，结合地质、物探、化探、遥感、矿产勘查等综合成矿信息确定铬铁矿的区域成矿要素和预测要素，建立区域成矿模式和预测模型。深入开展全省范围的铬铁矿区域成矿规律研究，建立铬铁矿成矿谱系，编制铬铁矿成矿规律图；按照全国统一划分的成矿区(带)，充分利用地质、物探、化探、遥感和矿产勘查等综合成矿信息，圈定成矿远景区和找矿靶区，逐个评价Ⅴ级成矿远景区资源潜力，并进行分类排序；编制铬铁矿成矿规律与预测图。以地表至 2000m 以浅为主要预测评价深度范围，进行铬铁矿资源量估算。汇总吉林省铬铁矿预测总量，编制吉林省铬铁矿预测图、勘查工作部署建议图、未来开发基地预测图。

本书以成矿地质理论为指导，对吉林省区域成矿地质构造环境及成矿规律进行研究，以物探、化探、遥感、自然重砂等先进的找矿方法为科学依据，为建立矿床成矿模式、区域成矿模式及区域成矿谱系研究提供信息，为圈定成矿远景区和找矿靶区、评价成矿远景区资源潜力、总结成矿区(带)成矿规律与编制预测图提供可靠的成果参考。

对 1∶50 万地质图数据库、1∶20 万数字地质图空间数据库、全省矿产地数据库、1∶20 万区域重力数据库、航磁数据库、1∶20 万化探数据库、自然重砂数据库、吉林省工作程度数据库、典型矿床数据库进行全面系统维护，为吉林省重要矿产资源潜力评价提供基础信息数据。运用 GIS 技术服务于矿产资源潜力评价工作的全过程(解释、预测、评价和最终成果的表达)，资源潜力评价过程中针对各专题进行信息集成工作,建立吉林省重要矿产资源潜力评价信息数据库,建立并不断完善铬铁矿产资源潜力评价相关的物探、化探、遥感、自然重砂数据库,实现省级资源潜力预测评价综合信息集成空间数据库,为今后开展矿产勘查的规划部署奠定扎实基础。

本次工作取得的主要成果有:

(1)较系统地收集了吉林省各项地质资料,对吉林省岩石地层分区、大地构造分区、构造岩浆岩带划分和变质地质单元进行了初步划分与总结,建立了比较完整的区域地质构造格架。

(2)系统地总结了吉林省铬铁矿勘查研究历史及存在的问题、资源分布,划分了铬铁矿矿床类型,研究了铬铁矿成矿地质条件及控矿因素。

(3)从空间分布、成矿时代、大地构造位置、赋矿层位、岩浆岩特点、围岩蚀变特征、成矿作用及演化、矿体特征、控矿条件等方面总结了预测区及全省铬铁矿成矿规律。

(4)确立了侵入岩浆型铬铁矿典型矿床和预测工作区成矿要素和成矿模式,建立了侵入岩体型预测要素和预测模型。

(5)依据《全国重要矿产总量预测技术要求》(2007年版)及《预测资源量估算技术要求》(2010年补充版)技术要求,用地质体积法预测了吉林省铬铁矿500m和1000m以浅资源量。

第二章 以往工作程度

第一节 基础地质工作程度

吉林省完成 1:25 万区域地质调查面积约 13.5 万 km^2，1:20 万区域地质调查面积约 13 万 km^2，1:5 万区域地质调查面积约 6.5 万 km^2，如图 2-1-1—图 2-1-3 所示。

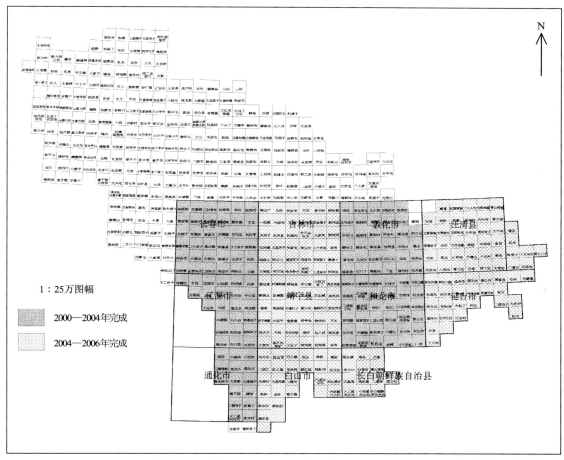

图 2-1-1　吉林省 1:25 万区域地质调查工作程度图

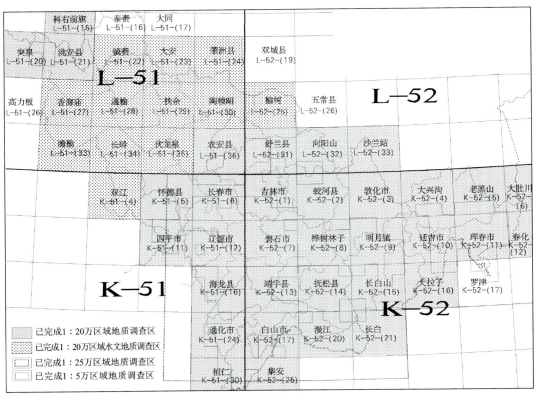

图 2-1-2　吉林省 1∶20 万区域地质调查工作程度图

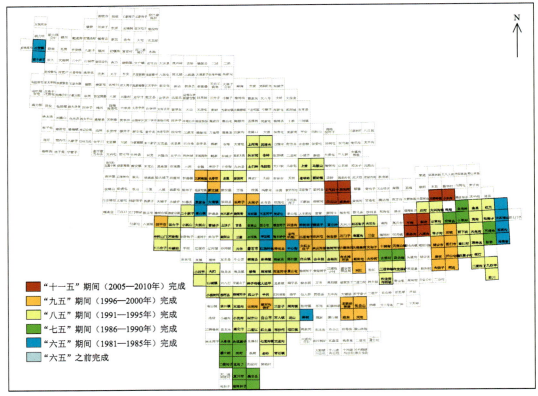

图 2-1-3　吉林省 1∶5 万区域地质调查工作程度图

吉林省基础地质研究于20世纪60年代开始,至今仍在持续工作,可大致划分为如下几个时期。第一时期为20世纪60年代,利用已有的1:20万区域地质资料研究编制1:100万区域地质图及说明书。第二时期为20世纪80年代利用已有的1:20万、1:5万区域地质资料和1:100万区域地质研究成果编制1:50万区域地质志,同时提交了1:50万地质图、1:100万岩浆岩地质图、1:100万地质构造图。第三时期为20世纪90年代针对吉林省岩石地层进行了清理。

第二节 重力、磁测、化探、遥感、自然重砂调查及研究

一、重力

吉林省1:100万区域重力调查1984—1985年完成外业实测工作,采用1:5万地形图解求 X、Y、Z,提交吉林省1:100万区域重力调查成果报告。

1982年吉林省首次按国际分幅开展1:20万重力调查,至今在吉林省东、中部地区共完成33幅区域重力调查,面积约 $12 \times 10^4 \mathrm{km}^2$。在1996年以前重力测量的点位求取采用航空摄影测量中电算加密方法,1997年后重力测量的点位求取采用GPS求解,如图2-2-1所示。

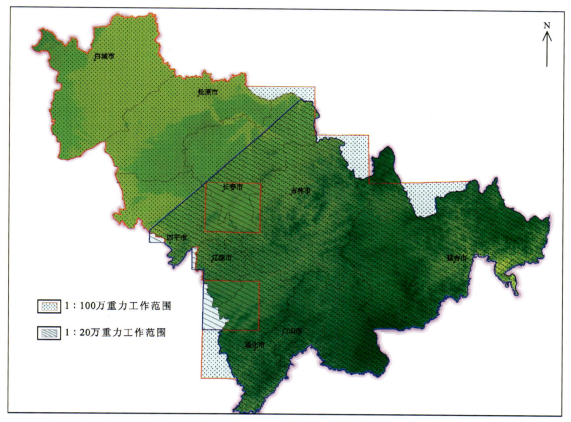

图2-2-1 吉林省重力工作程度图

吉林省1:100万区域重力调查解释推断出66条断裂,其中34条断裂与以往断裂吻合,新推断出了32条断裂。结合深部构造和地球物理场的特征,划分出3个Ⅰ级构造区和6个Ⅱ级构造分区。

吉林省东部1∶20万区域重力调查通过资料分析,综合预测贵金属及多金属找矿区38处;通过居里等温面的计算,在长春-吉林以南、辽源-桦甸以北,地温梯度均属于高地温梯度区,是寻找地热的远景区;通过深部剖面的解释,伊舒断裂带西支断裂F_{32}、东支断裂F_{33}、四平-德惠断裂带东支断裂F_{30},断裂走向北东,与伊舒断裂带平行。以上断裂带均属深大断裂。

在吉林省南部推断71条断裂构造,其中圈定33个隐伏岩体和4个隐伏含煤盆地。

二、磁测

吉林省的航磁是由原地质矿产部航空物探总队实施的,从1956—1987年间,该物探总队完成不同地质找矿目的、不同比例尺、不同精度的航空磁测工作区(覆盖全省)计13个。完成1∶100万航磁$15×10^4 km^2$,1∶20万航磁$20.9×10^4 km^2$,1∶10万航磁$9.749×10^4 km^2$,1∶5万航磁$9000 km^2$,见图2-2-2。

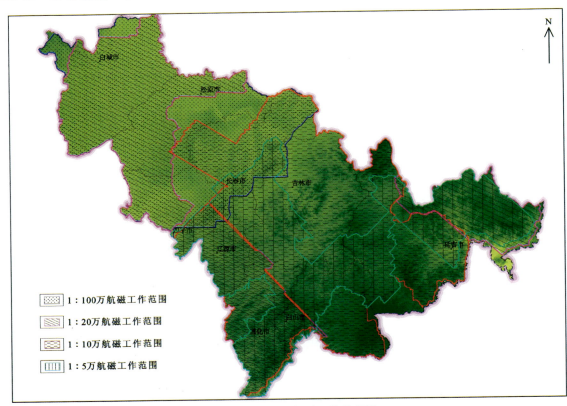

图 2-2-2 吉林省航磁工作程度图

原吉林省地质矿产局物探大队编制的1∶20万航磁图,对吉林省相关生产、科研和教学等单位具有较大的实用价值,为寻找黑色金属、有色金属、能源矿产等方面提供了丰富的基础地球物理资料。

吉林省中部地区航磁测量工作发现航磁异常250处,为寻找与异常有关的铁、铜等金属矿提供了线索。经查证,航磁异常中,见矿或与矿化有关的异常有6处,与超基性岩或基性岩有关的异常有15处,推断与成矿有关的异常有57处。

通化西部地区航磁测量工作发现航磁异常142处,推断与寻找磁铁矿有关的异常20处;基性—超基性岩体引起的异常14处;接触蚀变带引起的、具有寻找铁铜矿及多金属矿可能的异常10处。以异常为基础,结合地质条件,划分出了6个找矿远景区。

延边北部地区航磁测量工作发现编号异常217处,为此逐个进行了初步分析解释,其中有24处与矿(化)有关。航磁资料中明显地反映出本区地质构造特征,如官地-大山咀子深断裂、沙河沿-牛心顶子-王峰楼村大断裂、石门-蛤蟆塘-天桥岭大断裂、延吉断陷盆地等。对本区矿产分布远景进行了分析,提出了1个沉积变质型铁磷矿成矿远景区和4个矽卡岩型铁、铜、多金属成矿远景区。

鸭绿江沿岸地区航磁测量工作共发现288处异常,其中75处异常为间接、直接找矿指示信息。确定了全区地质构造的基本轮廓,共划分出5个构造区,确定了53条断裂(带),其中有10条是对本区构造格架起主要作用的边界断裂。根据异常分布特点,结合地质构造的有利条件,已知矿床(点)分布及化探资料,划分出14个成矿远景区,其中8个为Ⅰ级远景区。

三、化探

本次工作完成1:20万区域化探工作$12.3 \times 10^4 km^2$,在吉林省重要成矿区(带)上完成1:5万化探约$3 \times 10^4 km^2$,1:20万与1:5万水系沉积物测量为吉林省区域化探积累了大量的数据及信息,见图2-2-3。

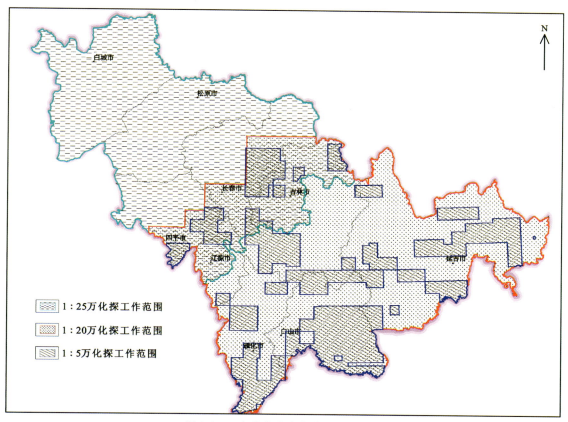

图2-2-3 吉林省地球化学工作程度图

中比例尺的成矿预测较充分地利用1:20万区域化探资料,首次编制了吉林省地球化学综合异常图、吉林省地球化学图;根据元素分布分配的分区性,从成因上总结出两类区域地球化学场:一是反映成岩过程中的同生地球化学场;二是成岩后的改造和叠生作用形成后生或叠生地球化学场。

四、遥感

目前,吉林省遥感调查工作主要有"应用遥感技术对吉林省南部金-多金属成矿规律的初步研究"、"吉林省东部山区贵金属及有色金属矿产成矿预测"项目中的遥感图像地质解译、"吉林省ETM遥感图像制作"以及2005年由吉林省地质调查院完成的"吉林省1∶25万ETM遥感图像制作",见图2-2-4。

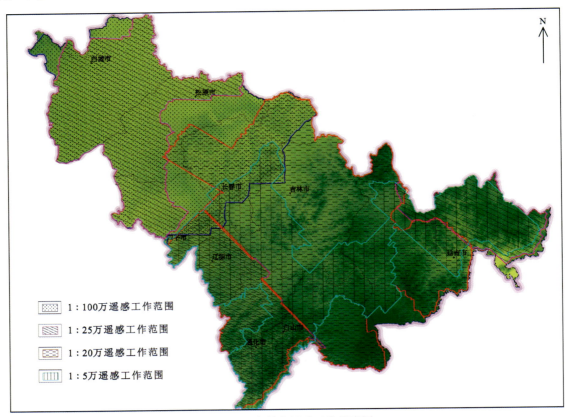

图2-2-4　吉林省遥感工作程度图

1990年,由吉林省地质遥感中心完成的"应用遥感技术对吉林省南部金-多金属成矿规律的初步研究"项目中,利用1∶4万彩红外航片,以目视解译及立体镜下观察为主,对吉林省南部(N42°以南)的线性构造、环状构造进行解译,并圈定一系列成矿预测区及找矿靶区。

1992年由吉林省地质矿产局完成的"吉林省东部山区贵金属及有色金属矿产成矿预测"项目中,以美国4号陆地卫星1979年、1984年及1985年接收的TM数据2、3、4波段合成的1∶50万假彩色图像为基础,进行目视解译。地质图上已划分出的断裂构造带均与遥感地质解译线性构造相吻合。而遥感解译地质图所划分的线性构造比常规地质断裂构造要多,规模也要大一些。因而绝大部分线性构造可以看成是各种断裂带、破碎带、韧性剪切带的反映。区内已知矿床、矿点多位于规模在几千米至几十千米的线性构造上。而规模数百千米的大构造带上,往往矿床(点)分布较少。

遥感解译出621个环形构造,这些环形构造的展布特征复杂,形态各异,规模不等,成因及地质意义也不尽相同。解译出岩浆侵入环形构造94个,隐伏岩浆侵入体环形构造24个,基底侵入岩环形构造6个,火山喷发环形构造55个及弧形构造围限环形构造57个,尚有成因及地质意义不明的环形构造388个。

用类比方法圈定出Ⅰ级成矿预测区10个、Ⅱ级成矿预测区18个、Ⅲ级成矿预测区14个。

五、自然重砂

1∶20万自然重砂测量工作覆盖了吉林省东部山区。1∶5万自然重砂测量工作完成图幅近20幅，大比例尺自然重砂工作开展很少。2001—2003年对1∶20万数据进行了数据库建设。吉林省在开展金刚石找矿工作时，对全省自然重砂资料进行过分析和研究，但仅限于针对金刚石找矿方面的研究。

1993年提交的《吉林省东部山区贵金属及有色金属矿产成矿预测报告》中，对吉林省自然重砂资料开展了全面系统的研究工作。

第三节　矿产勘查及成矿规律研究

截至2008年底，全省提交矿产勘查地质报告3000余份，已发现各种矿（化）点2000余处，矿产地1000余处。发现矿种158种（包括亚矿种），查明资源储量的矿种115种；全省发现稀土矿床点1处。稀土矿床的成因类型主要为风化壳型。

1971年延边地质大队五连在东清一带开展放射性测量及独居石原生矿找矿，发现了东清独居石砂矿床。

一、矿产勘查

1949年以前在吉林、宁夏、河北等地发现过一些铬铁矿的线索，但并没有做过深入的调查和研究，全国仅知有2个矿点，一为龙井市开山屯，一为宁夏小松山，前者已被日本侵略者掠夺殆尽。新中国成立以后，由于工业发展的需要，开始了铬铁矿的寻找与勘查工作。20世纪50年代初东北重工业部组队赴开山屯一带开展了工作。

1964年普查矿区位于吉林省永吉县五里河子公社头道沟屯南山。完成主要工作量：1∶5000地质简测图7.5km^2，1∶5000地质、地形草测图各5.25km^2，1∶1万地质简测图35km^2，机械岩心钻探690m，槽探11 997m^3，浅井4462m。区内出露大小超基性岩体54处，较大的岩体有头道沟Ⅲ号岩体，三道沟及芹菜沟岩体，尤以头道沟Ⅲ号及芹菜沟岩体最为典型。头道沟Ⅲ号岩体呈一较平直的长带状分布，其长度达2250m，宽度125m，岩体呈豆夹状、扁豆状，各岩体的Fe_2O_3、FeO、MgO的平均含量都比较接近，其中三道沟岩体分别为5.51%、2.01%、36.62%，芹菜沟岩体分别为5.7%、3.08%、36.86%。

1965年小绥河铬铁矿由吉林省地质矿产勘查开发局第一地质大队发现，1967年结束野外工作，1969年白飞雄等提交《吉林省永吉县小绥河铬铁矿详查评价报告》，1971年地表用槽探方式充分揭露，浅部用坑道了解，中深部以50m×40m～50m×60m钻探网度进行控制，基本查清了Ⅰ号、Ⅱ号矿体的形状、产状和规模及矿石质量，1972年俞龙起等编写了《吉林省永吉县小绥河铬铁矿详查评价报告》。由于矿体位于小绥河水库之下，给矿床利用带来不利因素。吉林省铁合金厂曾在地表进行小规模开采。

在1960年永吉县头道沟Ⅰ号基性岩体中发现铬铁矿的基础上，1977年对头道沟地区进行了详查，在辉橄岩进行了钻探工作，见到铬铁矿，但未达到工业品位，因此，研究没有更深入下去。

1970—1978年，根据全国铬铁矿会议的部署，地质局和冶金局系统分别对小绥河、开山屯等矿点进行勘查。吉林省地质局组建了一支铬铁矿专业队（第一地质队），经过5~6年会战，投入大量人力、物力，仅在永吉县小绥河查明了3.1万t铬铁矿储量。

二、成矿规律研究

吉林省铬铁矿成矿规律研究主要体现在以下几个方面：
(1)1979年编写了吉林省重要矿产总结报告。
(2)1983年开展了华北板块北缘东段金、多金属矿远景区划-成矿规律及找矿方向研究。
(3)1987—1992年开展了东部山区金、银、铜、铅、锌、锑和锡7种矿产的1:20万成矿预测，该成果在收集、总结和研究大量地、物、化、遥资料的基础上，对吉林省成矿地质背景、控矿条件、成矿规律进行了较深入的研究和总结，较合理地划分了成矿区（带）和找矿远景区，为科学部署铬铁矿找矿工作奠定较扎实的基础。
(4)1992年吉林省地质矿产局完成了《吉林省东部山区贵金属及有色金属矿产成矿预测报告》，为第二轮区划时对铬铁矿预测进行评价奠定了基础。
(5)2000—2001年陈尔臻等完成了吉林省主要成矿区（带）研究，对吉林省铬铁矿成矿规律、成矿预测进行了分析总结。
(6)2000—2007年间，中国地质调查局成立以来，在全国组织、实施国土资源部关于国土资源地质大调查计划，吉林省根据地质大调查的精神，在重要的成矿区（带）加强研究和开展前期地质工作，在小绥河、开山屯、头道沟成矿区的铬铁矿矿集区继续开展深入评价，希望能发现一批具有较好找矿线索的矿点或矿化点。

三、存在的问题

目前已发现的大多数矿床（点）多停留在浅部评价阶段，对与成矿有关的基性超基性岩体控矿规律研究甚少，造成很难正确认识资源潜力。以往的找矿活动仅局限于永吉小绥河、龙井市开山屯等区域，对于具有找矿前景的新区缺乏新的认识，本次增加了头道沟矿区研究工作。存在问题为由于全省有1087个基性—超基性岩体，47个岩体群，仅对个别开展了铬铁矿找矿评价，且多局限于浅部，大部分没有系统开展评价工作，缺少深部找矿研究工作。铬铁矿缺少精确的测年、同位素、微量元素数据支持。

第四节　地质基础数据库现状

一、1:50万数字地质图空间数据库

1:50万地质图库是吉林省地质调查院于1999年12月底建成的数据库，该数据库是在原《吉林省1:50万地质图》《吉林省区域地质志》附图的基础上补充少量1:20万和1:5万地质图资料及相关研究成果，结合现代地质学、地层学、岩石学等新理论和新方法，地层按岩石地层单位，侵入岩按时代加岩

性和花岗岩类谱系单位编制的。此图库属数字图范围，没有 GIS 的图层概念，适合用于编制小比例尺的地质底图。目前没有对其进行更新维护。

二、1∶20 万数字地质图空间数据库

1∶20 万地质图空间数据库共计有 33 个标准和非标准图幅，由吉林省地质调查院完成，经中国地质调查局发展中心整理汇总后返交吉林省。该库图层齐全、属性完整、建库规范、单幅质量较好，但总体上因填图过程中认识不同，各图幅接边问题严重，后期对其进行了更新维护。

三、吉林省矿产地数据库

吉林省矿产地数据库于 2002 年建成，该库采用 DBF 和 ACCESS 两种格式保存数据。矿产地数据库更新至 2004 年，本次按工作要求进行了更新维护。

四、物探数据库

1. 重力

吉林省完成东部区域 1∶20 万重力调查区共 26 个图幅的建库工作，入库有效数据有 23 620 个物理点。数据采用 DBF 格式保存且数据齐全。

重力数据库只更新到 2005 年，主要是对数据库管理软件进行更新，数据内容与原库内容保持一致。

2. 航磁

吉林省航磁数据共由 21 个测区组成，总物理点达 631 万个，比例尺分为 1∶50 万、1∶20 万、1∶5 万，吉林省内的主要成矿区（带）多数有 1∶5 万航磁数据覆盖。

存在的问题：测区间数据没有调平处理，且没有飞行高度信息，数据采集方式有早期模拟的和后期数字化的。精度从几纳特到几十纳特。若要有效地使用航磁资料，必须解决不同测区间数据调平问题。本次工作采用中国国土资源航空物探遥感中心提供的航磁剖面和航磁网格数据。

五、遥感影像数据库

吉林省遥感解译工作始于 20 世纪 90 年代初期，受当时工作条件和计算机技术发展的限制，缺少相关应用软件和技术标准，没能对解译成果进行相应的数据库建设。在此次资源总量预测期间，应用中国国土资源航空物探遥感中心提供的遥感数据，建设吉林省遥感数据库。

六、区域地球化学数据库

吉林省化探数据主要以 1∶20 万水系测量数据为主并建立数据库,共有入库元素 39 个,原始数据点以 4km² 内原始采集样点的样品做一个组合样。此库建成后,吉林省没有开展同比例尺的地球化学填图工作,因此没有进行数据更新工作。由于入库数据是采用组合样分析结果,因此入库数据不包含原始点位信息。这给通过划分汇水盆地确定异常和更有效地利用原始数据带来一定困难。

七、1∶20 万自然重砂数据库

吉林省自然重砂数据库的建设与 1∶20 万地质图库建设基本保持同步。入库数据有 35 个图幅,采样 47 312 点中涉及矿物 473 个,入库数据内容齐全,并有相应空间数据采样点位图层。数据采用 ACCESS 格式保存。目前没有对其进行更新维护。

八、工作程度数据库

吉林省地质工作程度数据库由吉林省地质调查院于 2004 年完成,内容全面,涉及地质、物探、化探、矿产、勘查、水文等内容。数据库中基本反映了 1949 年以来吉林省地质调查、矿产勘查工作的程度。本次工作采集的资料截至 2002 年。

第三章 地质矿产概况

第一节 成矿地质背景

一、地层

区内出露地层主要为：志留系—下泥盆统西别河组；上石炭统山秀玲组；上二叠统开山屯组、二叠系范家屯组、杨家沟组、寿山沟组、庙岭组、大蒜沟组；三叠系山谷旗组、滩前组；白垩系大拉子组、龙井组。但未发现与铬铁矿成矿有关的地层。

二、火山岩

区内出露火山岩主要为三叠系托盘沟组、四合屯组、南楼山组，侏罗系玉兴屯组，白垩系金沟岭组。但未发现与铬铁矿成矿有关的火山岩。

三、侵入岩

区内侵入岩较发育，其中与成矿关系密切的晚泥盆世超基性岩有橄榄岩、含辉橄榄岩，具蛇纹石化，赋存铬铁矿。晚二叠世橄榄岩（岩石组合）发生蛇纹石化，呈岩脉、岩墙近东西向展布。区内还出露侏罗纪闪长岩、花岗闪长岩、二长花岗岩、石英闪长岩。

四、变质岩

根据省内存在的几期重要的地壳运动及其所产生的变质作用特征，将吉林省划分为迁西期、阜平期、五台期、兴凯期、加里东期、海西期6个主要变质作用时期。其中寒武系头道岩组斜长阳起石岩夹变质砂岩与成矿关系密切。在斜长阳起石岩中常见硫铁矿化、磁铁矿化，因此头道岩组中橄榄岩石建造组合具有铬铁矿赋存的地质背景。

五、大型变形构造

吉林省自太古宙以来,经历了多次地壳运动,在各地质历史阶段都形成了一套相应的断裂系统,包括地体拼贴带、走滑断裂、大断裂、推覆-滑脱构造-韧性剪切带等。与铬铁矿有关的大型变形构造如下。

(1)伊舒断裂带是一条地体拼贴带,即在早志留世末,华北板块与吉林省古生代增生褶皱带相拼接。它位于吉林省二龙山水库—伊通—双阳—舒兰一线,呈北东方向延伸,过黑龙江省依兰—佳木斯—萝北进入俄罗斯境内,在吉林省内是由南东、北西两支相互平行的北东向断裂带组成的,在省内长达260km,具左行扭动性质。该断裂带两侧地质构造性质明显不同,断裂的南东侧重力高,航磁为北东向正负交替异常,西侧重力低,航磁为稀疏负异常。两侧的地层发育特征、岩性、含矿性等截然不同。从辽宁省北部到吉林省,该断裂两侧晚期断层方向明显不一致,东南侧以北东向断层为主,北西侧以北北东向断层为主。北西侧北北东向断裂是与华北板块和西伯利亚板块间的缝合线展布方向一致,反映为继承古生代基底构造线特征;南东侧的北东向断裂是与库拉、太平洋板块向北俯冲有关,说明在吉林省内,早古生代伊舒断裂带两侧属于性质不同的两个大地构造单元,西部属于华北板块,东部总体上为被动大陆边缘。它经历了早志留世华北板块与吉黑古生代增生褶皱带发生对接的走滑拼贴阶段、新生代库拉-太平洋板块向亚洲大陆俯冲的活化阶段和古近纪至第四纪亚洲大陆应力场转向,使伊舒断裂带接受了强烈的挤压作用,导致两侧基底向槽地推覆并形成了外倾对冲式冲断层构造带的挤压阶段。

(2)鸭绿江走滑断裂带是吉林省规模较大的北东向断裂之一,由辽宁省沿鸭绿江进入吉林省集安,经安图两江至王清天桥岭进入黑龙江省,在省内长达510km,断裂带宽30～50km,纵贯辽吉台块和吉黑古生代陆缘增生褶皱带两大构造单元,对吉林省地质构造格局及贵金属、有色金属矿床成矿均有重要意义。断裂带总体表现为压剪性,沿断面发生逆时针滑动,相对位移为10～20km。断裂切割中生代早期侵入岩体,并控制侏罗纪、白垩纪地层的分布。

六、大地构造

吉林省铬铁矿大地构造位置位于南华纪—中三叠世构造分区双阳-永吉-蛟河上叠裂陷盆地、图们-山秀玲上叠裂陷盆地。

第二节 区域矿产特征

一、成矿特征

吉林省铬铁矿床按照成矿物质来源与成矿地质条件,成因类型仅为侵入岩浆型。永吉小绥河铬铁矿、龙井彩秀洞铬铁矿、龙井开山屯铬铁矿、永吉头道沟多金属硫铁矿等都与基性—超基性岩体、深大断裂密切相关,但铬铁矿规模多为矿点。

吉林省铬铁矿主要分布于吉中—延边地区。容矿围岩为早二叠世、晚三叠世超基性岩体,岩性主要为蛇纹岩。岩浆上侵能量释放，使大量地下水、天水等参与活动，高温高压作用下使橄榄岩被蛇纹石化为蛇纹岩，到岩浆晚期经构造变形作用，形成规模小、形状复杂又严格受裂隙控制的铬铁矿。矿产预测类型为侵入岩体型，代表矿床为永吉小绥河铬铁矿。

二、吉林省铬铁矿区域矿产特征

吉林省铬铁矿区域矿产特征见表3-2-1。

表3-2-1　吉林省铬铁矿区域矿产特征一览表

矿产地名	地理位置	矿床规模	成矿时代	矿种	矿床成因类型
永吉小绥河铬铁矿	吉林省永吉县小绥河	矿点	海西期	铬铁矿	侵入岩浆型
龙井开山屯铬铁矿	吉林省龙井市开山屯镇	矿点	海西期	铬铁矿	侵入岩浆型
永吉头道沟多金属硫铁矿	吉林省永吉县头道沟	矿点	海西期	硫铁矿	侵入岩浆型

三、铬铁矿预测类型划分及其预测工作区圈定

1. 铬铁矿矿产预测类型划分

矿产预测是指根据相同的矿产预测要素以及成矿地质条件，对矿产进行划分。

矿产预测类型划分原则是开展矿产预测工作的基础。划分原则是同一地质作用形成的、成矿要素要与预测要素保持一致，可将同一预测底图上完成预测工作的矿床、矿点和矿化线索归为同一个预测类型，具体根据包括与矿床成矿有关的（时间、空间、物）以及沉积岩、火山岩、侵入岩、变质岩、大型变形构造5类成矿地质作用、组合成矿地质作用等来划分。

需要注意的是，同一矿种存在多种矿床预测类型，不同矿种可能为同一类型；同一成因类型可能有多种类型，不同成因类型组合可能为同一类型。

吉林省铬铁矿成因类型为岩浆岩型。

本次选择的矿产预测类型为小绥河式侵入岩浆型，矿产预测类型分布见图3-2-1。

2. 预测工作区圈定与典型矿床优选

吉林省铬铁矿均与超基性岩侵入体、深大断裂构造、矿化信息有关，集中分布于吉中地区和延吉地区。预测工作区圈定以含矿建造和矿床成因系列理论为指导，以物探、化探、遥感、自然重砂等综合信息为依据，圈定小绥河、头道沟、开山屯3个预测工作区。

本次工作优选了吉林省铬铁矿较典型的小绥河矿床。详细信息见吉林省铬铁矿预测区矿产预测类型一览表（表3-2-1）。其他信息见图3-2-1，表3-2-2—表3-2-5。

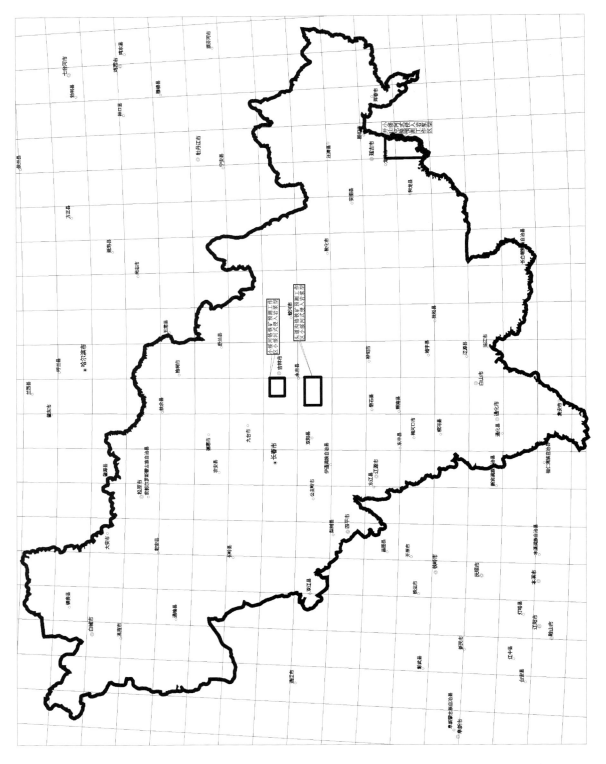

图 3-2-1 吉林省铬铁矿矿产预测类型及预测工作区分布图

第三章　地质矿产概况

表3-2-2　吉林省铬铁矿矿产预测(方法)类型重要地质要素表

矿种	矿床成因类型	矿产预测类型	预测方法类型	预测工作区	预测区1:5万地质构造底图编图类型	重要(建造)地质要素
铬铁矿	侵入岩浆型	小绥河式侵入岩浆型	侵入岩浆型	小绥河	侵入岩建造构造图	超基性岩侵入体+深大断裂构造+矿化信息
铬铁矿	侵入岩浆型	小绥河式侵入岩浆型	侵入岩浆型	开山屯	侵入岩建造构造图	超基性岩侵入体+深大断裂构造+矿化信息
硫铁矿	侵入岩浆型	小绥河式侵入岩浆型	侵入岩浆型	头道沟	侵入岩建造构造图	超基性岩侵入体+深大断裂构造+矿化信息

表3-2-3　吉林省铬铁矿矿产预测类型划分一览表

成矿时代	典型矿床	矿种	预测方法类型	矿产预测类型	重要建造	预测工作区
海西期	永吉小绥河铬铁矿床	铬铁矿	侵入岩体型	小绥河超基性岩体型	小绥河超基性岩体+伊舒大断裂+矿化信息	小绥河
海西期	参考永吉小绥河	铬铁矿	侵入岩体型	超基性岩体型	超基性岩体+长白-图们大断裂+矿化信息	开山屯
海西期	参考永吉小绥河	硫铁矿	侵入岩体型	超基性岩体型	超基性岩体+柳河-吉林床大断裂+矿化信息	头道沟

表3-2-4　吉林省铬铁矿矿产预测类型代码表

矿产预测类型代码	典型矿床	矿产预测类型	预测方法编码	预测区顺序码
2203201	永吉小绥河铬铁矿床	小绥河式侵入岩浆型	XSHN	0301

表3-2-5　吉林省铬铁矿矿产预测工作区代码表

预测工作区	预测工作区代码	矿产预测类型	预测方法类型	预测区编码	预测区顺序码
小绥河	2203201017	小绥河式侵入岩浆型	侵入岩浆型	XSHG	017
开山屯	2203201018	小绥河式侵入岩浆型	侵入岩浆型	KSTG	018
头道沟	2203201019	小绥河式侵入岩浆型	侵入岩浆型	TDGG	019

第三节 区域地球物理、地球化学、遥感、自然重砂特征

一、区域地球物理特征

(一)重力

1. 岩(矿)石密度

(1)各大岩类的密度特征：沉积岩的密度值小于岩浆岩和变质岩。不同岩性间的密度值变化情况：沉积岩密度值为$(1.51\sim2.96)\times10^3 \text{kg/m}^3$；变质岩密度值为$(2.12\sim3.89)\times10^3 \text{kg/m}^3$；岩浆岩密度值为$(2.08\sim3.44)\times10^3 \text{kg/m}^3$；喷出岩的密度值小于侵入岩的密度值，见图3-3-1。

(2)不同时代各类地质单元岩石密度变化规律：不同时代地层单元岩系总平均密度存在差异，其值大小在时代上有从新到老逐渐增大的趋势，即地层时代越老，密度值越大。新生界为$2.17\times10^3 \text{kg/m}^3$，中生界为$2.57\times10^3 \text{kg/m}^3$，古生界为$2.70\times10^3 \text{kg/m}^3$，元古宇为$2.76\times10^3 \text{kg/m}^3$，太古宇为$2.83\times10^3 \text{kg/m}^3$。由此可见新生界的密度值均小于之前各时代地层单元的密度值，各时代均存在着密度差，见图3-3-2。

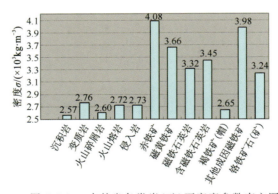

图3-3-1 吉林省各类岩(矿)石密度参数直方图

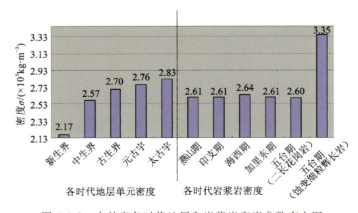

图3-3-2 吉林省各时代地层和岩浆岩密度参数直方图

2. 区域重力场基本特征及其地质意义

（1）区域重力场特征。在全省重力场中，宏观呈现"二高一低"重力区，即西北部及中部以重力高、东南部为重力低的基本分布特征。最低值在长白山一带；高值区出现在大黑山条垒区；瓦房镇—东屏镇为另一高值区；洮南、长岭一带异常较为平缓，呈小的局域特点分布；中部及东南部布格重力异常等值线大多呈北东向展布，大黑山条垒，尤其是辉南—白山—桦甸—黄泥河镇一带，等值线展布方向及局部异常轴向均呈北东向。北部桦甸—夹皮沟—和龙一带，等值线则多以北西向为主，向南逐渐变为东西向，至漫江则转为南北向，围绕长白山天池（白头山天池）呈弧形展布，延吉、珲春一带也呈近弧状展布。

（2）深部构造特征。重力场值的区域差异特征反映了莫霍面及康氏面的变化趋势，曲线的展布特征则反映了明显地质构造及岩性特征的规律性。从莫霍面图上可见，西北部及东南部两侧呈平缓椭圆状或半椭圆状，西北部洮南-乾安为幔坳区，中部松辽为幔隆区（为北东走向的斜坡），东南部为张广才岭-长白山地幔坳陷区，而东部延吉珲春汪清为幔隆区。安图—延吉、柳河—桦甸一带出现的北西向及北东向等深线梯度带表明，华北板块北缘边界断裂，反映了不同地壳的演化史及形成的不同地质体，见图3-3-3和图3-3-4。

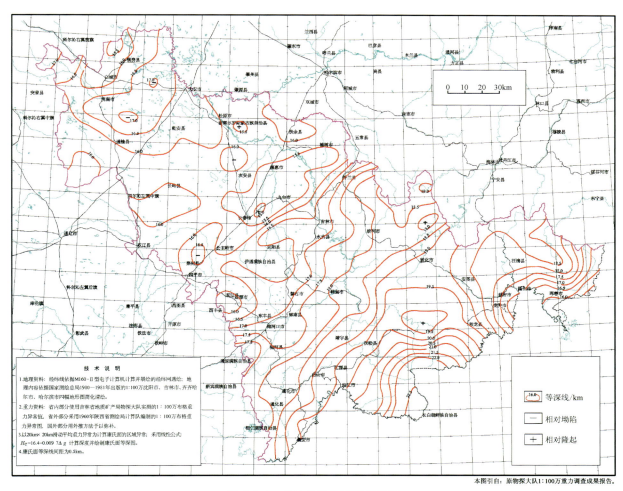

图 3-3-3　吉林省康氏面等深线图

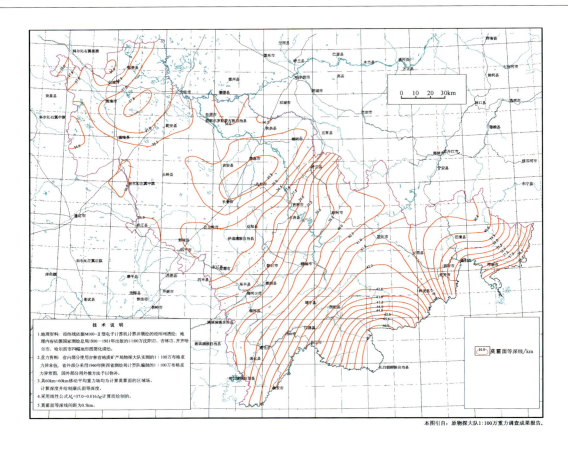

图 3-3-4 吉林省霍氏面等深度图

3. 区域重力场分区

依据重力场分区的原则,吉林省重力场划分为南、北 2 个 Ⅰ 级重力异常区,其他地区划分详见表3-3-1。

表 3-3-1 吉林省重力场分区一览表

Ⅰ	Ⅱ	Ⅲ	Ⅳ
Ⅰ1 白城-吉林- 延吉复杂 异常区	Ⅱ1 大兴安岭东麓异常区	Ⅲ1 乌兰浩特-哲斯异常分区	Ⅳ1 瓦房镇-东屏镇正负异常小区
	Ⅱ2 松辽平原低缓异常区	Ⅲ2 兴龙山-边昭正负异常分区	(1)重力低小区;(2)重力高小区
		Ⅲ3 白城-大岗子低缓负异常分区	(3)重力低小区;(4)重力高小区; (5)重力低小区;(6)重力高小区
		Ⅲ4 双辽-梨树负异常分区	(7)重力高小区;(11)重力低小区; (20)重力高小区;(21)重力低小区
		Ⅲ5 乾安-三盛玉负异常分区	(8)重力低小区;(9)重力高小区; (10)重力高小区;(12)重力低小区; (13)重力低小区;(14)重力高小区
		Ⅲ6 农安-德惠正负异常分区	(17)重力高小区;(18)重力高小区; (19)重力高小区
		Ⅲ7 扶余-榆树负异常分区	(15)重力低小区;(16)重力低小区

续表 3-3-1

Ⅰ	Ⅱ	Ⅲ	Ⅳ
Ⅰ1 白城-吉林- 延吉复杂 异常区	Ⅱ3 吉林中部复杂 正负异常区	Ⅲ8 大黑山正负异常分区	
		Ⅲ9 伊-舒带状负异常分区	
		Ⅲ10 石岭负异常分区	Ⅳ2 辽源异常小区
			Ⅳ3 椅山-西堡安异常低值小区
		Ⅲ11 吉林弧形复杂负异常分区	Ⅳ4 双阳-官马弧形负异常小区
			Ⅳ5 大黑山-南楼山弧形负异常小区
			Ⅳ6 小城子负异常小区
			Ⅳ7 蛟河负异常小区
		Ⅲ12 敦化复杂异常分区	Ⅳ8 牡丹岭负异常小区
			Ⅳ9 太平岭-张广才岭负异常小区
	Ⅱ4 延边复杂负 异常区	Ⅲ13 延边弧状正负异常分区	
		Ⅲ14 五道沟弧状异常分区	
Ⅰ2 龙岗-长白 半环状低值 异常区	Ⅱ5 龙岗复杂负 异常区	Ⅲ15 靖宇异常分区	Ⅳ10 龙岗负异常小区
			Ⅳ11 长白山负异常小区
			Ⅳ12 和龙环状负异常小区
		Ⅲ16 浑江负异常低值分区	Ⅳ13 清和负异常小区
			Ⅳ14 老岭负异常小区
			Ⅳ15 浑江负异常小区
	Ⅱ6 八道沟-长白 异常区	Ⅲ17 长白负异常分区	

4. 深大断裂

吉林省地质构造复杂,在漫长的地质历史演变中,经历过多期地壳运动,在各个地质发展阶段和各个时期的地壳运动中,均相应地形成了一系列规模不等、性质不同的断裂。这些断裂,尤其是深大断裂一般都经历了长期的、多旋回的发展过程,它们对吉林省地质构造的发展、演化及成岩成矿作用有着密切的关系。根据《吉林省地质志》吉林省断裂按切割地壳深度的规模大小、控岩控矿作用以及展布形态等大致分为超岩石圈断裂、岩石圈断裂、壳断裂和一般断裂及其他断裂。

1)超岩石圈断裂

吉林省超岩石圈断裂只有一条,称中朝准地台北缘超岩石圈断裂,即"赤峰-开原-辉南-和龙深断裂"。这条超岩石圈断裂横贯吉林省南部,由辽宁省西丰县进入吉林省海龙、桦甸,过老金厂、夹皮沟、和龙,向东延伸至朝鲜境内,是一条规模巨大、影响很深、发育历史长久的断裂构造带。实际上它是中朝准地台和天山-兴隆地槽的分界线。总体走向为东西向,在吉林省内长达 260km,宽 5～20km。由于受后期断裂的干扰、错动,使其早期断裂痕迹不易辨认,并且使走向在不同地段发生北东向和北西向偏转、断开、位移,从而形成了现今平面上具有折断状的断裂构造,见图 3-3-5。

重力场基本特征:断裂线在布格重力异常平面图上呈北东向、东西向密集梯度带排列,南侧为环状、椭圆状,西部断裂以北东向的重力异常为主。这种不同性质重力场的分界线,无疑是断裂存在的标志。从东丰到辉南段为重力梯度带,梯度较陡;夹皮沟到和龙一段,也是重力梯度带,水平梯度走向有变化,

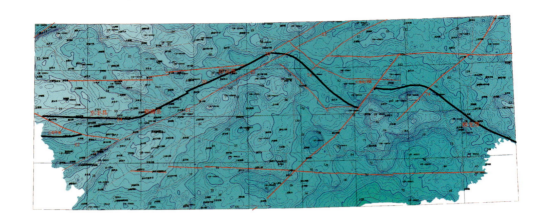

图 3-3-5 开源-桦甸-和龙超岩石圈断裂布格重力异常示意图

应该是被多个断裂错断所致,但梯度较密集。在重力场上延10km、20km,以及重力垂向一阶导数、二阶导数、二阶导平面图,该断裂更为显著,东丰经辉南到桦甸折向和龙。除东丰到辉南一带为线状的重力高值带外,其余均为线状重力低值带,它们的极大值和极小值便是该断裂线的位置。从莫霍面等深度图上可见:该断裂只在个别地段有某些显示,说明该断裂切割深度并非连续均匀。西丰至辉南段表现同向扭曲,辉南至桦甸段显示不出断裂特征,而桦甸至和龙段有同向扭曲,表明有断裂存在。莫霍面上表示深度为37~42km,从而断定此断裂在部分地段已切入上地幔。

地质特征:小四平—海龙一带,断裂南侧为太古宇夹皮沟群、中元古界色洛河群,北侧为早古生代地槽型沉积。断裂明显,发育在海西期花岗岩中。柳树河子至大浦柴河一带有基性—超基性岩平等断裂展布,和龙至白金一带有大规模的花岗岩体展布。因此,此断裂为超岩石圈断裂。

2) 岩石圈断裂

舒兰-伊通岩石圈断裂带位于二龙山水库—伊通—双阳—舒兰一带,呈北东向延伸,过黑龙江依兰—佳木斯—萝北进入俄罗斯境内。该断裂于二龙山水库,被冀东向四平-德惠断裂带所截。该断裂带在吉林省内由2条相互平行的北东向断裂构成,宽15~20km,走向45°~50°。在吉林省内长达260km,在狭长的"槽地"中,沉积了厚达2000多米的中新生代陆相碎屑岩,其中古近纪—新近纪沉积物应有1000多米,从而形成了狭长的伊通-舒兰地堑盆地。

重力场特征:断裂带重力异常梯度带密集,呈线状,走向明显,在吉林省布格重力异常垂向一阶导数、二阶导数平面图及滑动平均(30km×30km、14km×14km)剩余异常平面图上可见,延伸狭长的重力低值带,在其两侧狭长延展的重力高值带的衬托下,其异常带显著。该重力低值带宽窄不断变化,并非均匀展布,而在伊通至乌拉街一带稍宽大些,这段分别被东西向重力异常隔开,这说明在形成过程中受东西向构造影响,见图3-3-6。

从重力场上延5km、10km、20km等值线平面图上看,该断裂显示得尤为清晰、醒目,线状重力低值带与重力高值带并行延展,它们的极小值与极大值,便是该断裂在重力场上的反映。重力二阶导数的零值及剩余异常图的零值,为圈定断裂提供了更为准确、可靠的依据。

再由莫霍面和康氏面等深线图及滑动平均60km×60km剩余异常平面图可知,该断裂有显示:此段等值线密集,存在重力梯度带十分明显;双阳至舒兰段,莫霍面及康氏面等深线密集,形状规则,呈线状展布。沿断裂方向莫霍面深度为36~37.5km,断裂的个别地段已切入下地幔。由上述重力特征可见,此断裂反映了岩石圈断裂定义的各个特征。

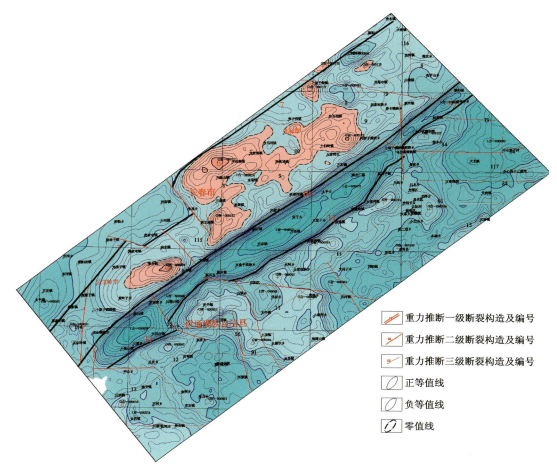

图 3-3-6　舒兰-伊通岩石圈断裂带布格重力异常示意图

(二)航磁

1. 区域岩(矿)石磁性参数特征

根据收集的岩(矿)石磁性参数整理统计,吉林省岩(矿)石的磁性强弱可以分成 4 个级次:极弱磁性 $[\kappa<(300\times4\pi\times10^{-6}\mathrm{SI})]$,弱磁性 $[\kappa=(300\sim2100)\times4\pi\times10^{-6}\mathrm{SI}]$,中等磁性 $[\kappa=(2100\sim5000)\times4\pi\times10^{-6}\mathrm{SI}]$,强磁性 $[\kappa>(5000\times4\pi\times10^{-6}\mathrm{SI})]$。

沉积岩基本上无磁性,但是四平和通化地区的砾岩、砂砾岩有弱的磁性。

沉积的变质岩大都无磁性,角闪岩、斜长角闪岩变质岩普遍显中等磁性,而通化地区的斜长角闪岩和吉林地区的角闪岩只具有弱磁性。

片麻岩、混合岩在不同地区具不同的磁性。吉林地区该类岩石具较强磁性,延边及四平地区则为弱磁性,而在通化地区则无磁性。总的来看,变质岩的磁性变化较大,有的岩石在不同地区有明显差异。

火山岩类岩石普遍具有磁性,并且具有从酸性火山岩→中性火山岩→基性、超基性火山岩由弱到强的变化规律。

岩浆岩中酸性岩浆岩磁性变化范围较大,可由无磁性变化到有磁性。其中吉林地区的花岗岩具有中等程度的磁性,而其他地区花岗岩类多为弱磁性,延边地区的部分酸性岩表现为无磁性。

四平地区的碱性岩-正长岩表现为强磁性。吉林、通化地区的中性岩磁性为弱—中等强度,而在延边地区则为弱磁性。

基性—超基性岩类除在延边和通化地区表现为弱磁性外,其他地区则为中等—强磁性。

磁铁矿及含铁石英岩均为强磁性,而有色金属矿矿石一般来说均不具有磁性。

从总的趋势来看,各类岩石的磁性基本上按沉积岩、变质岩、火成岩的顺序逐渐增强,见图3-3-7。

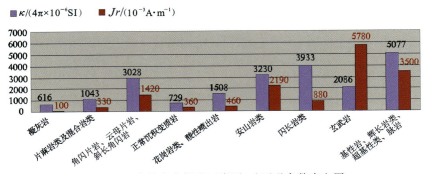

图 3-3-7　吉林省东部地区岩石、矿石磁参数直方图

2. 吉林省区域磁场特征

吉林省在航磁图上基本反映出3个不同场区特征:①东部山区敦化-密山断裂以东地段,以东升高波动的老爷岭长白山磁场区,该磁场区向东分别进入俄罗斯和朝鲜境内,向南、向北分别进入辽宁省和黑龙江省内;②敦化-密山断裂以西,四平、长春、榆树以东的中部为丘陵区,磁异常强度和范围都明显低于东部山区磁异常强度,向南、向北分别进入辽宁省和黑龙江省内;③西部为松辽平原中部地段,为低缓平稳的松辽磁场区,向南、向北亦分别进入辽宁省及黑龙江省。

1) 东部山区磁场特征

东部山地北起张广才岭,向西南延至柳河,通化交界的龙岗山脉以东地段。该区磁场特征是以大面积正异常为主,一般磁异常极大值为600nT,大蒲柴河—和龙一线为华北地台北缘东段一级断裂(超岩石圈断裂)所在的位置。

(1) 大蒲柴河—和龙以北区域磁场特征:航磁异常整体上呈北西走向,两块宽大北西走向磁场正异常区之间夹北西走向宽大的磁场负异常区,正磁场区和负磁场区上的各局部异常走向大多为北东向。异常最大值为550nT。航磁正异常主要是晚古生代以来花岗岩、花岗闪长岩及中新生代火山岩磁性的反映。磁异常整体上呈北西走向,主要是与区域上的一级、二级断裂构造方向及局部地体的展布方向为北西走向有关,而局部异常走向北东向主要是受次级的二级、三级断裂构造及更小的局部地体分布方向所控制。

(2) 大蒲柴河—和龙以南区域磁场特征:在大蒲柴河—和龙以南区域是东南部地台区,西部以敦密断裂带为界,北部以地台北缘断裂带为界,西南到吉林和辽宁省界,东南到吉林省界和朝鲜国界。

靠近敦密断裂带和地台北缘断裂带的磁场以正异常区为主,磁异常走向大致与断裂带平行。

西部正异常强度为100~400nT,走向以北东为主。正背景场上的局部异常梯度陡,主要反映的是太古宙花岗质、闪长质片麻岩,中、新太古代变质表壳岩,以及中、新生代火山岩的磁场特征。

北部靠近地台北缘断裂带的磁场区,以北西走向为主,强度为150~450nT,正异常背景场上的局部异常梯度陡,靠近北缘断裂带的磁异常以串珠状形式向外延展,总体呈弧形或环形异常带。

西支的弧形异常带从松山、红石、老金厂、夹皮沟、新屯子、万良到抚松,围绕龙岗地块的东北侧外缘分布,主要是中太古代闪长质片麻岩、中太古代变质表壳岩、新太古代变质表壳岩、寒武纪花岗闪长岩磁性的反映,中太古代变质表壳岩、新太古代变质表壳岩是含铁的主要层位。

东支的环形异常带从二道白河、两江、万宝、和龙到崇善以北区域,主要围绕和龙地块的边缘分布,各局部异常则多以东西走向为主,但异常规模较大,异常梯度也陡。大面积中等强度航磁异常主要是中太古代花岗闪长岩的反映,强度较低异常主要由侏罗纪花岗岩引起,半环形磁异常上有几处强度较高的局部异常则是由强磁性的玄武岩和新太古代表壳岩、太古宙变质基性岩引起。对应此半环形航磁异常,有一个与之基本吻合的环形重力高异常,说明环形异常主要由新太古代表壳岩、太古宙变质基性岩引起。特别在半环形磁异常上东段的几处局部异常,结合剩余重力异常为重力高的特征,推断为半隐伏、隐伏新太古代表壳岩和太古宙变质基性岩引起的异常,非常具备寻找隐伏磁铁矿的前景。

中部以大面积负磁场区为主,是吉林省南部元古宙裂谷区内的碳酸盐岩、碎屑岩及变质岩的磁异常反映,大面积负磁场区内的局部正异常主要为中生代中酸性侵入岩体及中、新生代火山岩磁性的反映。

南部长白山天池地区是一片大面积的正负交替、变化迅速的磁场区,磁异常梯度大,强度为350~600nT,是大面积玄武岩的反映。

(3)敦化-密山断裂带磁场特征:敦化-密山深大断裂带在吉林省内长250km,宽5~10km,走向北东,是由一系列平行的、成雁行排列的次一级断裂组成的一个相当宽的断裂带。它的北段在磁场图上显示一系列正负异常剧烈频繁交替的线性延伸异常带,是一条由古近纪—新近纪玄武岩沿断裂带喷溢填充的线性岩带。这条呈线性展布的岩带,恰是断裂带的反映。

2) 中部丘陵区磁场特征

张广才岭—富尔岭—龙岗山脉一线以西,四平、长春、榆树以东的中部为丘陵区。该区磁场特征可分为4种场态特征,叙述如下。

(1)大黑山条垒场区:航磁异常呈楔形,南窄北宽,各局部异常走向以北东为主。以条垒中部为界,南部异常范围小、强度低,北部异常范围大、强度大,最大值达到450nT。航磁异常主要是中生代中酸性侵入岩体引起的。

(2)伊通-舒兰地堑区:中、新生代沉积盆地,磁场为大面积的北东走向的负异常场区,西侧陡,东侧缓,负异常场区中心靠近西侧,说明西侧沉积厚度比东侧深。

(3)南部石岭隆起区:异常多数呈条带状分布,走向以北西向为主,南侧强度为100~200nT。南侧异常为东西走向,这与所处石岭隆起区域北西向断裂构造带有关,这些北西走向的各个构造单元控制了磁异常分布形态特征。异常主要与中生代中酸性侵入岩体有关。石岭隆起区北侧为磐双接触带,接触带附近的负场区对应晚古生代地层。

(4)北侧吉林复向斜区:区内航磁异常大部分由晚古生代、中生代中酸性侵入岩体引起。

3) 平原区磁场特征

吉林西部为松辽平原中部地段,两侧为一宽大的负异常,表明该地段中、新生代正常沉积岩层的磁场。这是岩相岩性较为典型的湖相碎屑沉积岩,沉积韵律稳定,厚度巨大,产状平稳,火山活动很少,岩石中缺少铁磁性矿物组分。在松辽盆地中,中、新生代沉积岩磁性极弱,因此在这套中、新生代地层上显示为单调平稳的负磁场,强度为-150~-50nT。

二、区域地球化学特征

(一)元素分布及浓集特征

1. 元素的分布特征

经过对吉林省1:20万水系沉积物测量数据的系统研究以及依地球化学块体的元素专属性,编制了吉林省中东部地区地球化学元素分区及解释推断地质构造图,并在此基础上编制了主要成矿元素分区及解释推断图,见图 3-3-8、图 3-3-9。

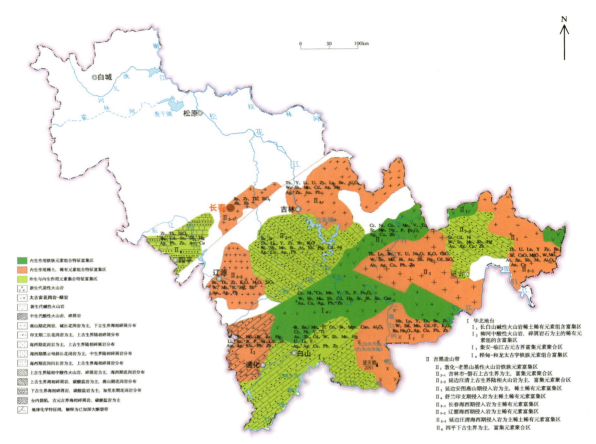

图 3-3-8 吉林省中东部地区地球化学元素分区及解释推断地质构造图

在图 3-3-8 中,以 3 种颜色分别代表内生作用铁族元素组合特征富集区,内生作用稀有、稀土元素组合特征富集区,外生与内生作用元素组合特征富集区。

铁族元素组合特征富集区的地质背景是吉林省新生代基性火山岩、太古宙花岗岩-绿岩地体的主要分布区,主要表现的是 Cr、Ni、Co、Mn、V、Ti、P、Fe_2O_3、W、Sn、Mo、Hg、Sr、Au、Ag、Cu、Pb、Zn 等元素(氧化物)的高背景区(元素富集场),尤以太古宙花岗岩-绿岩地体表现突出,是吉林省金、铜成矿的主要矿源层位。

图 3-3-9 更细致地划分出主要成矿元素的分布特征。如在太古宙花岗岩-绿岩地体内划分出 6 处 Au、Ag、Ni、Cu、Pb、Zn 成矿区域,构成吉林省重要的金、铜成矿带。

内生作用稀有、稀土元素组合特征富集区,主要表现的是 Th、U、La、Be、Li、Nb、Y、Zr、Sr、Na_2O、K_2O、MgO、CaO、Al_2O_3、Sb、F、B、As、Ba、W、Sn、Mo、Au、Ag、Cu、Pb、Zn 等元素(氧化物)的高背景区。主要的成矿元素为 Au、Cu、Pb、Zn、W、Sn、Mo,尤以 Au、Cu、Pb、Zn、W 表现优势。地质背景为新生代碱性火山岩,中生代中酸性火山岩、火山碎屑岩,以及以海西期、印支期、燕山期为主的花岗岩类侵入岩体。

外生与内生作用元素组合特征富集区,以地槽区分布良好。主要表现的是 Sr、Cd、P、B、Th、U、La、Be、Zr、Hg、W、Sn、Mo、Au、Cu、Pb、Zn、Ag 等元素富集场,主要的成矿元素为 Au、Cu、Pb、Zn。地质背景为古元古代和古生代的海相碎屑岩、碳酸盐岩以及晚古生代的中酸性火山岩、火山碎屑岩,同时有海西期、燕山期的侵入岩体分布。

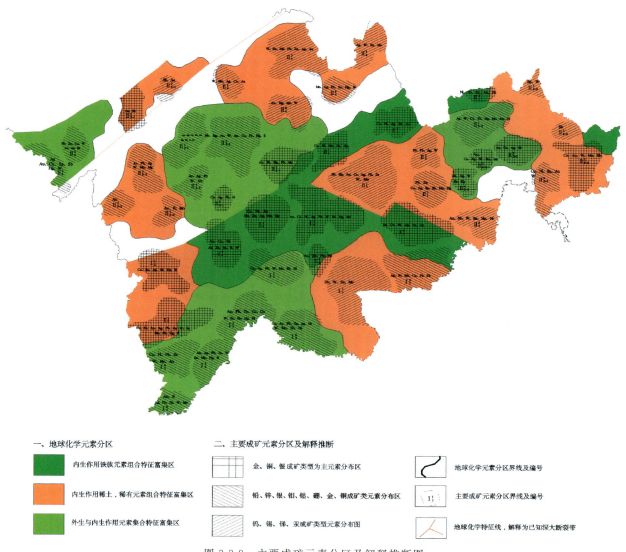

图 3-3-9 主要成矿元素分区及解释推断图

2. 元素的浓集特征

应用 1∶20 万化探数据,计算吉林省 8 个地质子区的元素算术平均值,见图 3-3-10。通过与吉林省元素算术平均值和地壳克拉克值对比,可以进一步量化吉林省 39 种地球化学元素(氧化物)区域性的分布趋势和浓集特征。

吉林省 39 种元素(氧化物)在中东部地区的总体分布态势及在 8 个地质子区中的平均分布特征,按照元素平均含量从高到低排序为 $SiO_2-Al_2O_3-F_2O_3-K_2O-MgO-CaO-NaO-Ti-P-Mn-Ba-F-Zr-Sr-V-Zn-Sn-U-W-Mo-Sb-Bi-Cd-Ag-Hg-Au$,表现出造岩元素→微量元素→成矿系列元素的总体变化趋势,说明吉林省 39 种元素(氧化物)在区域上的分布分配符合元素在空间上的变化规律,这对研究吉林省元素在各种地质体中的迁移富集贫化具有重要意义。

从整体上看,主要成矿元素 Au、Cu、Zn、Sb 在 8 个子区内的均值比地壳克拉克值要低。Au 元素能够在吉林省重要的成矿带上富集成矿,说明 Au 元素的富集能力超强,而且另一方面也表明在吉林省重要的成矿带上,断裂构造非常发育,岩浆活动极其频繁,使得 Au 元素在后期叠加地球化学场中变异、分散的程度更强烈。

Cu、Sb 元素在 8 个子区内的分布呈低背景状态,而且其富集能力较 Au 元素弱,因此 Cu、Sb 元素在吉林省重要的成矿带上富集成矿的能力处于弱势,成矿规模偏小。

而 Pb、W、稀土元素均值高于地壳克拉克值,显示高背景值状态,对成矿有利。

图 3-3-10　吉林省地质子区划分示意图

特别需要说明的是,第⑦地质子区为长白山火山岩覆盖层,属特殊景观区,Nb、La、Y、Be、Th、Zr、Ba、W、Sn、Mo、F、Na_2O、K_2O、Au、Cu、Pb、Zn 等元素(氧化物)均呈高背景值状态分布,是否具备矿化富集需进一步研究。

8 个地质子区均值与地壳克拉克值的比值大于 1 的元素有 As、B、Zr、Sn、Be、Pb、Th、W、Li、U、Ba、La、Y、Nb、F。如果按属性分类,Ba、Zr、Be、Th、W、Li、U、Ba、La、Nb、Y 均为亲石元素,与酸碱性的花岗岩浆侵入关系密切。在②地质子区、③地质子区、④地质子区中广泛分布。As、Sn、Pb 为亲硫元素,是热液型硫化物成矿的反映,查看异常图,As、Sn、Pb 在②地质子区、③地质子区、④地质子区亦有较好的展现。尤其是 As 为 4.19、B 为 4.01,显示出较强的富集态势,而 As 为重矿化剂元素,来源于深源构造,对寻找矿体具有直接指示作用。B、F 属气成元素,具有较强的挥发性,是酸性岩浆活动的产物,As、B 的强富集反映出岩浆活动、构造活动的发育,也反映出吉林省东部山区后生地球化学改造作用的强烈,对吉林省成岩、成矿作用影响巨大。这一点与 Au 元素富集成矿所表现出来的地球化学意义相吻合。

8 个地质子区元素平均值与全省元素平均值比值研究表明,主要成矿元素 Au、Ag、Cu、Pb、Zn、Ni 相对于吉林省均值,在④地质子区、⑤地质子区、⑥地质子区、⑦地质子区、⑧地质子区的富集系数都大于 1 或接近 1,说明 Au、Ag、Cu、Pb、Zn、Ni 在这 5 个地质区域内处于较强的富集状态,即吉林省的台区为高背景值,是重点找矿区域。区域成矿预测证明④地质子区、⑤地质子区、⑥地质子区、⑦地质子区、⑧地质子区是吉林省贵金属和有色金属的主要富集区域,有名的大型矿床、中型矿床都聚集于此。

在②地质子区 Ag、Pb 富集系数都为 1.02,Au、Cu、Zn、Ni 的富集系数都接近 1,也显示出较好的富集趋势,值得重视。

W、Sb 的富集态势总体显示较弱,只在①地质子区、②地质子区、⑥地质子区、⑦地质子区表现出一定富集趋势,表明在表生介质中元素富集成矿的能力呈弱势状态。这与吉林省钨、锑矿产的分布特点相吻合。

稀土元素除 Nb 外,Y、La、Zr、Th、Li 在①地质子区、②地质子区和⑦地质子区、⑧地质子区的富集系数都大于 1 或接近 1,显示一定的富集状态,是稀土矿预测的重要区域。

Hg 是典型的低温元素,可作为前缘指示元素用于评价矿床剥蚀程度。此外,作为远程指示元素,是预测深部盲矿的重要标志。Hg 元素富集系数大于 1 的子区有③地质子区、⑤地质子区、⑥地质子区,显示 Hg 元素在吉林省主要的成矿区,用于 Au、Ag、Cu、Pb、Zn 可起到重要作用。

F 作为重要的矿化剂元素,在⑥地质子区、⑦地质子区、⑧地质子区中有较明显的富集态势,表明 F 元素在后期的热液成矿中,对 Au、Ag、Cu、Pb、Zn 等主成矿元素的迁移和富集起到非常重要的作用。

(二)区域地球化学场特征

吉林省可以划分为以铁族元素为代表的同生地球化学场,以稀有、稀土元素为代表的同生地球化学场,以及亲石、碱土金属元素为代表的同生地球化学场。本次工作根据元素的因子分析结果,对以往的构造地球化学分区进行适当修整,结果见图 3-3-11。

图 3-3-11　吉林省中东部地区同生地球化学场分布图(据金丕兴和何启良,1992)

三、区域遥感特征

(一)区域遥感特征分区及地貌分区

吉林省遥感影像是利用 2000—2002 年接收的吉林省内 22 景 ETM 数据经计算机录入、融合、校正并镶嵌后,选择 B7、B4、B3 三个波段分别赋予红色、绿色、蓝色后形成的假彩色图像。

吉林省的遥感影像特征可按地貌类型分为长白山中低山区,包括张广才岭、龙岗山脉及其以东的广大区域,遥感图像上主要表现为绿色、深绿色,中山地貌。除山间盆地谷地及玄武岩台地外,其他地区地形切割较深,地形较陡,水系发育;长白山低山丘陵区,西部以大黑山西麓为界,东至蛟河-辉发河谷地,多由海拔 500m 以下的缓坡宽谷的丘陵组成,沿河一带发育成串的小盆地群或长条形地堑,其遥感影像特征主要表现为绿色—浅绿色,山脚及盆地多显示为粉色或藕荷色,低山丘陵地貌,地形坡度较缓,冲沟较浅,植被覆盖度为 30%～70%;大黑山条垒以西至白城西岭下镇,为松辽平原部分,东部为台地平原区,又称大黑山台地。

低平原区,地面高度在 200～250m 之间,地形呈波状或浅丘状;西部为低平原区,又称冲积湖积平原或低原区,该区地势最低,海拔为110~160m,为大面积冲湖积物,湖泡周边及古河道发生极强的土地盐渍化,遥感图像上显示为粉色、浅粉色及粉白色,西南部发育土地沙化,呈沙垄、沙丘等,遥感图像上为砖红色条带状或不规则块状;岭下镇以西为大兴安岭南簏,属低山丘陵区,遥感图像上显示为红色及粉红色,丘陵地貌,多以浑圆状山包显示,冲沟极浅,水系不甚发育。

(二)区域地表覆盖类型及其遥感特点

长白山中低山区及低山丘陵区,植被覆盖度高达70%,并且多以乔、灌木林为主,遥感图像上主要表现为绿色、深绿色;盆地或谷地主要表现为粉色或藕荷色,主要被农田覆盖;松辽平原区,东部为台地平原,此区为大面积新生界冲洪积物,为吉林省重要产粮基地,地表被大面积农田覆盖,遥感图像上为绿色或紫红色;西部为低平原区,又称冲积湖积平原或低原区,该区地势最低,海拔为110~160m,为大面积冲湖积物,湖泡周边及古河道发生极强的土地盐渍化,遥感图像上显示为粉色、浅粉色及粉白色,西南部发育土地沙化,呈沙垄、沙丘等,遥感图像上为砖红色条带状或不规则块状;岭下镇以西,为大兴安岭南簏,属低山丘陵区,植被较发育,多以低矮草地为主,遥感图像上显示为浅绿色或浅粉色。

(三)区域地质构造特点及其遥感特征

吉林省地跨两大构造单元,大致以开原—山城镇—桦甸—和龙连线为界,南部为中朝准地台,北部为天山-兴安地槽区,槽台之间为一规模巨大的超岩石圈断裂带(华北地台北缘断裂带),遥感图像上主要表现为近东西走向的冲沟、陡坎、两种地貌单元界线,并伴有与之平行的糜棱岩带形成的密集纹理。

吉林省内的大型断裂全部表现为北东走向,它们多为不同地貌单元的分界线,或对区域地形、地貌有重大影响,遥感图像上多表现为北东向的大形河流、两种地貌单元界线,北东向排列陡坎等。

吉林省内中型断裂表现在多方向上,主要有北东向、北西向、近东西向和近南北向,它们以成带分布为特点,单条断裂长十几千米至几十千米,断裂带长几十千米至百余千米,遥感影像特征主要表现为冲沟、山鞍、洼地等,控制二级、三级水系。吉林省内小型断裂遍布低山丘陵区,规模小,分布规律不明显,断裂长几千米至十几千米或数十千米,遥感图像上主要表现为小型冲沟、山鞍或洼地。

吉林省的环状构造比较发育,遥感图像上多表现为环形或弧形色线、环状冲沟、环状山脊,偶尔可见环形色块,其规模从几千米到几十千米,大者可达数百千米,其分布具有较强的规律性,主要分布于北东向线性构造带上,尤其是该方向线性构造带与其他方向线性构造带交会部位,环形构造成群分布;块状影像主要为北东向相邻线性构造形成的挤压透镜体以及北东向线性构造带与其他方向线性构造带交会,形成棱形块状或眼球状块体,其分布明显受北东向线性构造带控制。

四、区域自然重砂特征

(一)区域自然重砂矿物特征及其分布规律

1. 铁族矿物:磁铁矿、黄铁矿、铬铁矿

磁铁矿在吉林省中东部地区分布较广,以放牛沟地区、头道沟—吉昌地区、塔东地区、五凤预地区以及闹枝—棉田地区集中分布。磁铁矿的这一分布特征与吉林省航磁ΔT等值线相吻合。

黄铁矿主要分布在通化、白山及龙井、图们地区。

铬铁矿分布较少,只在香炉碗子—山城镇地区、刺猬沟—九三沟地区和金谷山—后底洞地区有发现。

2. 有色金属矿物：白钨矿、锡石、方铅矿、黄铜矿、辰砂、毒砂、泡铋矿、辉钼矿、辉锑矿

白钨矿是吉林省分布较广的重砂矿物，主要分布在吉林省中东部地区中部的辉发河-古洞河东西向复杂成矿构造带上，即红旗岭-漂河川成矿带、柳河-那尔轰成矿带、夹皮沟-金城洞成矿带和海沟成矿带上。在辉发河-古洞河成矿构造带的西北端的大蒲柴河-天桥岭成矿带、百草沟-复兴成矿带和春化-小西南岔成矿带上也有较集中的分布。在吉林地区的江蜜峰镇、天岗镇、天北镇以及白山地区的石人镇、万良镇亦有少量分布。

锡石主要分布在中东部地区的北部，以福安堡、大荒顶子和柳树河—团北林场最为集中，中部地区的漂河川及刺猬沟—九三沟有零星分布。

方铅矿作为重砂矿物主要分布在矿洞子—青石镇地区、大营—万良地区和荒沟山—南岔地区，其次是山门地区、天宝山地区和闹枝—棉田地区。而夹皮沟—溜河地区、金厂镇地区有零星分布。

黄铜矿集中分布在二密—老岭沟地区，部分分布在赤柏松—金斗地区、金厂地区和荒沟山—南岔地区；在天宝山地区、五凤地区、闹枝—棉田地区呈零星分布状态。

辰砂在中东部地区分布较广，山门-乐山、兰家-八台岭成矿带，那丹伯-一座营、山河-榆木桥子、上营-蛟河成矿带，红旗岭-漂河川、柳河-那尔轰、夹皮沟-金城洞、海沟成矿带，大蒲柴河-天桥岭、百草沟-复兴、春化-小西南岔成矿带以及二密-靖宇、通化-抚松、集安-长白成矿带都有较密集的分布，是金矿、银矿、铜矿、铅锌矿评价预测的重要矿物之一。

毒砂、泡铋矿、辉钼矿、辉锑矿在中东部地区分布稀少，其中，毒砂在二密—老岭沟地区以一小型汇水盆地出现，刺猬沟—九三沟地区、金谷山—后底洞地区及其北端以零星状分布。泡铋矿集中分布在五凤地区和刺猬沟—九三沟地区及其外围。辉钼矿以零星点状分布在石咀—官马地区、闹枝—棉田地区和小西南岔—杨金沟地区中。辉锑矿以4个点异常分布在万宝地区。

3. 贵金属矿物：自然金、自然银

自然金与白钨矿的分布状态相似，以沿敦密断裂带及辉发河—古洞河东西向复杂构造带分布为主，在其两侧亦有较为集中的分布。从分级图上看，整体分布态势可归纳为4个部分：第一部分沿石棚沟—夹皮沟—海沟—金城洞—一线呈带状分布，第二部分在矿洞子—正岔—金厂—二密一带，第三部分分布于五凤—闹枝—刺猬沟—杜荒岭—小西南岔一带，第四部分沿山门—放牛沟到上河湾呈零星状态分布。第一部分近东西向横贯吉林省中部区域，称为中带；第二部分位于吉林省南部，称为南带；第三部分在吉林省东北部延边地区，称为北带；第四部分在大黑山条垒一线，称为西带。

自然银只有2个高值点异常，分布在矿洞子—青石镇地区北侧。

4. 稀土矿物：独居石、钍石、磷钇矿

独居石在吉林省中东部地区分布广泛，分布在万宝-那金成矿带，山门-乐山、兰家-八台岭成矿带，那丹伯-一座营、山河-榆木桥子、上营-蛟河成矿带，红旗岭-漂河川、柳河-那尔轰、夹皮沟-金城洞、海沟成矿带，大蒲柴河-天桥岭、百草沟-复兴、春化-小西南岔成矿带，二密-靖宇、通化-抚松、集安-长白等成矿带，整体呈条带状分布。

钍石分布比较明显，主要集中在五凤地区，闹枝—棉田地区，山门—乐山、兰家—八台岭地区，那丹伯——座营、山河—榆木桥子、上营—蛟河地区。

磷钇矿分布较稀少，而且零散，主要分布在福安堡地区，上营地区的西侧，大荒顶子地区西侧，漂河川地区北端，万宝地区。

5. 非金属矿物：磷灰石、重晶石、萤石

磷灰石在吉林省中东部地区分布最为广泛，主要体现在整个中东部地区的南部。以香炉碗子—石棚沟—夹皮沟—海沟—金城洞一带集中分布，而且分布面积大，沿复兴屯—金厂—赤柏松—二密一带也分布有较大规模的磷灰石；椅山-湖米预测工作区及外围、火炬丰预测工作区及外围、闹枝-棉田预测工作区有部分分布。其他区域磷灰石以零散状存在。

重晶石亦主要存在于东部山区的南部，呈两条带状分布，即古马岭—矿洞子—复兴屯—金厂和板石沟—浑江南—大营—万良。椅山—湖米地区、金城洞—木兰屯地区和金谷山—后底洞地区以零星状分布。

萤石只在山门地区和五凤地区以零星点状形式存在。

以上 20 种重砂矿物均分布在吉林省中东部地区，其分布特征与不同时代的岩性组合、侵入岩的不同岩石类型都具有一定的内在联系。以往的研究表明，这 20 种重砂矿物在白垩系、侏罗系、二叠系、寒武系—石炭系、震旦系以及太古宇中都有不同程度的存在。古元古界集安岩群和老岭岩群作为吉林省重要的成矿建造层位，其重砂矿物分布众多，重砂异常发育，与成矿关系密切。燕山期和海西期侵入岩在吉林省中东部地区大面积出露，其中的重砂矿物如自然金、白钨矿、辰砂、方铅矿、重晶石、锡石、黄铜矿、毒砂、磷钇矿、独居石等的异常都有较好的展现，而且在人工重砂取样中也达到较高的含量。

第四章 预测评价技术思路

一、指导思想

以科学发展观为指导,以提高吉林省稀土矿产资源对经济社会发展的保障能力为目标,以先进的成矿理论为指导,以全国矿产资源潜力评价项目总体设计书为总纲,以 GIS 技术为平台规范而有效的资源评价方法与技术为支撑,以地质矿产调查、勘查以及科研成果等多元资料为基础,在中国地质调查局及全国矿产资源潜力评价项目办公室的统一领导下,采取专家主导,产学研相结合的工作方式,全面、准确、客观地评价吉林省稀土矿产资源潜力,提高对吉林省区域成矿规律的认识水平,为吉林省及国家编制中长期发展规划、部署矿产资源勘查工作提供科学依据及基础资料,同时通过工作完善资源评价理论与方法,并培养一批科技骨干及综合研究队伍。

二、工作原则

坚持尊重地质客观规律实事求是的原则;坚持一切从国家整体利益和地区实际情况出发,立足当前,着眼长远,统筹全局,兼顾各方的原则;坚持全国矿产资源潜力评价"五统一"的原则;坚持由点及面、由典型矿床到预测区逐级研究的原则;坚持以基础地质成矿规律研究为主,以磁测、化探、遥感、自然重砂多元信息并重为原则;坚持由表及里的原则,由定性到定量的原则;坚持充分发挥各方面优势尤其是专家的积极性,产学研相结合的原则;坚持既要自主创新,符合地区地质情况,又可进行地区对比和交流的原则;坚持全面覆盖、突出重点的原则。

三、技术路线

充分收集以往的地质矿产调查、勘查、磁测、化探、自然重砂、遥感以及科研成果等多元资料;以成矿理论为指导,开展区域成矿地质背景、成矿规律、磁测、化探、自然重砂、遥感多元信息研究,编制相应的基础图件,以Ⅳ级成矿区(带)为单位,深入全面总结主要矿产的成矿类型,研究以成矿系列为核心内容的区域成矿规律;全面利用物探、化探、遥感所显示的地质找矿信息;运用体现地质成矿规律内涵的预测技术,全面全过程应用 GIS 技术,在Ⅳ、Ⅴ级成矿区内圈定预测区的基础上,实现吉林省稀土矿资源潜力评价。预测工作流程见图 4-0-1。

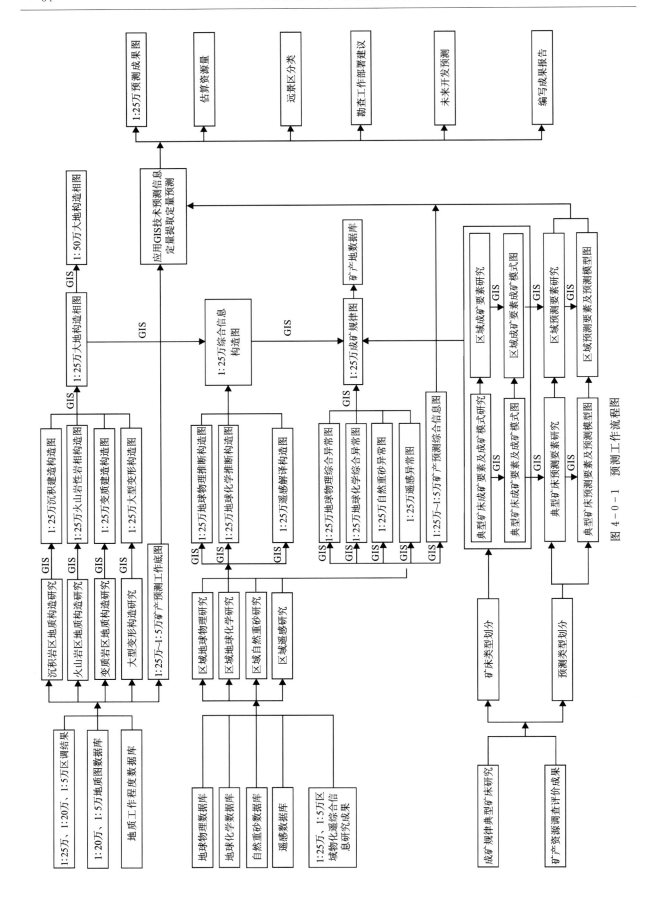

图 4-0-1 预测工作流程图

第五章 成矿地质背景研究

第一节 技术流程

(1)明确任务,学习全国矿产资源潜力评价项目地质构造研究工作技术要求等有关文件。

(2)收集有关的地质、矿产资料,特别注意收集最新的有关资料,编绘实际地质图。

(3)编绘过程中,以1:25万综合建造构造图为底图,再以预测工作区1:5万区域地质图的地质资料加以补充,将收集到的与风化壳型铬铁矿矿床有关的资料编绘于图中。

(4)明确目标地质单元,划分图层,以明确的目标地质单元为研究重点,同时研究控矿构造、矿化、蚀变等内容。

(5)图面整饰,按统一要求,制作图示、图例。

(6)编图:遵照沉积岩、变质岩、岩浆岩研究工作要求进行编图。要将与相应类型铬铁矿形成有关的地质矿产信息较全面地标绘在图中,形成预测底图。

(7)编写说明书:按照统一要求的格式编写。

(8)建立数据库:按照规范要求建立数据库。

第二节 建造构造特征

一、小绥河预测工作区

1. 区域建造构造特征

预测区内依据地质、矿产资料分析后得知,与铬铁矿有关的建造为基性—超基性侵入岩建造、沉积岩建造,即古生界头道岩组中赋存的基性—超基性岩石组合富集铬、铁元素矿产。区内基性—超基性岩石受控于近东西向、北东东向断层。

2. 预测工作区建造构造特征

(1)侵入岩建造:编图区内侵入岩有晚泥盆世超基性岩,中侏罗世花岗闪长岩、二长花岗岩。晚泥盆世超基性岩岩性为橄榄岩、含辉橄榄岩,岩石呈黑绿色、暗绿色,发生蛇纹石化。岩体长轴方向与围岩一致,其片理和碎裂方向也与围岩相同,近东西向展布,具蛇纹石化、透闪石化橄榄岩,滑石化橄榄岩,蛇纹岩等;橄榄岩岩石建造组合具有铬铁矿产形成与赋存的地质构造背景。

(2)沉积岩建造:主要有上志留统—下泥盆统西别河组、中二叠统范家屯组、上二叠统杨家沟组出露。

(3)火山岩建造:编图区内为中生代陆相喷发-降落-涌流相火山岩,有上三叠统四合屯组、下侏罗统玉兴屯组、下侏罗统南楼山组火山岩出露。

二、开山屯预测工作区

1. 区域建造构造特征

预测区内依据地质、矿产资料分析后得知,与铬铁矿有关的建造为基性—超基性侵入岩建造,即古生界庙岭组中分布的基性—超基性岩石组合富集铬、铁元素矿产。区内基性—超基性岩石受后期北东向、北西向构造改造明显。

2. 预测工作区建造构造特征

(1)火山岩建造:编图区内为中生代陆相喷发-降落-涌流相火山岩,主要出露上三叠统托盘沟组、下白垩统金沟岭组火山岩。

(2)侵入岩建造编图区内侵入岩有中二叠世闪长岩;晚二叠世橄榄岩、斜辉橄榄岩、角闪橄榄岩、辉长岩等超基性岩,早侏罗世闪长岩、花岗闪长岩、二长花岗岩,晚白垩世碱性花岗岩,古近纪始新世次安山岩。超基性岩普遍蛇纹石化。岩体与围岩层理不一致,呈不规则状展布,具蛇纹石化、透闪石化橄榄岩,滑石化橄榄岩,蛇纹岩等。橄榄岩岩石建造组合具有铬铁矿产形成与赋存的地质构造背景。

(3)沉积岩建造编图区内出露的沉积岩主要为上石炭统山秀玲组、下二叠统大蒜沟组、中二叠统庙岭组、上二叠统开山屯组、上三叠统山谷旗组、上三叠统滩前组、下白垩统大拉子组、下白垩统龙井组。

三、头道沟预测工作区

1. 区域建造构造特征

编图区位于盘桦裂陷槽的东缘,中生代南楼山火山盆地群、吉林中东部火山岩浆段的叠合改造部位。区内沉积岩出露二叠系寿山沟组、范家屯组,新近系水曲柳组。火山岩建造为上三叠统四合屯组,下侏罗统玉兴屯组、南楼山组。侵入岩浆建造有晚二叠世橄榄岩,中侏罗世石英闪长岩、花岗闪长岩、二长花岗岩和晚侏罗世二长花岗岩,早白垩世闪长玢岩、二长花岗岩、(晶洞)碱长花岗岩。变质岩有寒武系头道岩组。区内铬铁矿床(点)与头道岩组基性—超基性岩有关。

2. 预测工作区建造构造特征

(1)火山岩建造:编图区内为中生代陆相喷发-降落-涌流相火山岩,出露上三叠统四合屯组,下侏罗统玉兴屯组、南楼山组。

(2)侵入岩建造:编图区内侵入岩发育,具有多期多阶段性。侵入岩浆建造有晚二叠世橄榄岩,中侏罗世石英闪长岩、花岗闪长岩、二长花岗岩和晚侏罗世二长花岗岩,早白垩世闪长玢岩、二长花岗岩、(晶洞)碱长花岗岩。晚二叠世橄榄岩(岩石组合)呈岩脉、岩墙近东西向展布,铬铁矿产赋存在其岩石组合中。

(3)沉积岩建造:区内出露二叠系寿山沟组、范家屯组。

(4)变质岩建造:变质岩为寒武系头道岩组斜长阳起石岩夹变质砂岩。区内铬铁矿床(点)与头道岩组基性—超基性岩有关。

第三节 大地构造特征

吉林省铬铁矿大地构造为晚三叠世—新生代构造单元分区,仅侵入岩浆型一种成因类型预测工作区。

岩浆岩型铬铁矿预测工作区建造构造特征如下。

1. 小绥河预测工作区

大地构造位置位于天山-兴蒙-吉黑造山带(I_1)、小兴安岭-张广才岭弧盆系(II_3)、小顶山-张广才岭-黄松裂陷槽(III_2)、双阳-永吉-蛟河上叠裂陷盆地(IV_3)。区内构造以东西—北东东向断裂构造为主,近南北向次之。

2. 开山屯预测工作区

大地构造位置位于天山-兴蒙-吉黑造山带(I_1)、头道沟-山秀岭残留蛇绿混杂岩带(II_4)、头道沟残留镁铁—超镁铁质系(II_{4a})。区内构造以北东向、北西向断裂构造为主,近南北向构造发育在区内东部,东西向构造在超基性(侵入)岩体展布方向上有反映。

3. 头道沟预测工作区

大地构造位置位于天山-兴蒙-吉黑造山带(I_1)、包尔汉图-温都尔庙弧盆系(II_6)、清河-西保安-江城岩浆弧(III_5)、图们-山秀玲上叠裂陷盆地(IV_6)。区内寒武系头道岩组及基性—超基性岩石近东西向展布,反映了早古生代时期东西向构造形迹,中生代以北东向断裂构造为主,北西向次之。

第六章 典型矿床与区域成矿规律研究

第一节 技术流程

一、典型矿床研究技术流程

(1)选取具有一定规模、有代表性、未来资源潜力较大、在现有经济或选冶技术条件下能够开发利用,或技术改进后能够开发利用的矿床。

(2)从成矿地质条件、矿体空间分布特征、矿石物质组分与结构构造、矿石类型、成矿期次、成矿时代、成矿物质来源、控矿因素和找矿标志、矿床的形成及就位演化机制9个方面对典型矿床进行系统地研究。

(3)从岩石类型、成矿时代、成矿环境、构造背景、矿物组合、结构构造、控矿条件7个方面总结典型矿床的成矿要素,建立典型矿床的成矿模式。

(4)在典型矿床成矿要素研究的基础上叠加地球化学、地球物理、自然重砂、遥感及找矿标志,形成典型矿床预测要素,建立预测模型。

(5)以典型矿床不低于1∶1万综合地质图为底图,编制典型矿床成矿要素图、预测要素图。

二、区域成矿规律研究技术流程

广泛收集区域上与稀土矿有关的矿床、矿点、矿化点的勘查和科研成果,按如下技术流程开展区域成矿规律研究:①确定矿床的成因类型;②研究成矿构造背景;③研究控矿因素;④研究成矿物质来源;⑤研究成矿时代;⑥研究区域所属成矿区(带)及成矿系列;⑦编制成矿规律图件。

第二节 典型矿床地质特征

一、典型矿床选取及其特征

吉林省典型铬铁矿矿床选取见表3-2-1。下面以永吉小绥河铬铁矿为例系统介绍典型矿床特征。

1. 地质构造环境及成矿条件

构造背景：大地构造位置位于天山-兴蒙-吉黑造山带（I_1）、小兴安岭-张广才岭弧盆系（II_3）、小顶山-张广才岭-黄松裂陷槽（III_2）、双阳-永吉-蛟河上叠裂陷盆地（IV_4）。

所属成矿区（带）为山河-榆木桥子金-银-钼-铜-铁-铅锌成矿带（IV）、大绥河铜-铁找矿远景区（V）。

（1）地层：区内地层出露有石炭系—泥盆系通气沟组，主要岩性为砂岩、粉砂岩；志留系—泥盆系二道沟群浅海相碎屑岩，呈带状分布，主要岩性为砂岩、灰岩、板岩等，见图6-2-1。

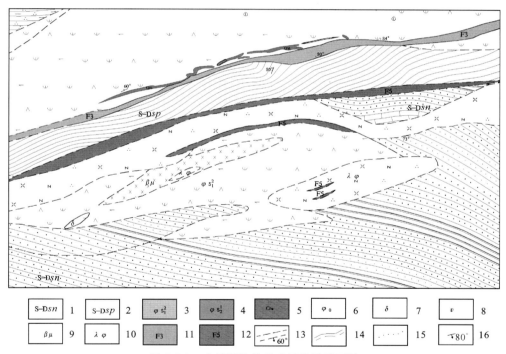

图 6-2-1 小绥河铬铁矿矿区地质平面图

1.志留纪—泥盆纪泥质砂岩、粉砂岩；2.志留纪—泥盆纪砂岩、灰岩、板岩；3.粗粒叶蛇纹岩；4.致密状蛇纹岩；5.铬铁矿体；6.角闪岩；7.闪长岩；8.辉长岩；9.辉绿岩；10.石英钠长斑岩；11.斜冲断层及断层带内的断层；12.压扭性破碎带；13.逆断层倾向及倾角；14.实测地质界线；15.推测地质界线；16.接触面倾向及倾角/倾斜流线构造及倾角

(2)岩体：区内出露的岩浆岩主要为小绥河超基性岩体，岩性为橄榄岩，受蛇纹石化具网格结构，交代残余结构，块状、角砾状局部呈片状构造。同位素年龄360Ma（沈阳地质矿产研究所，2004），岩体已全部蛇纹石化，原生造岩矿物及原岩结构构造已被破坏，仅按次生结构划分为粗粒叶蛇纹岩和致密状蛇纹岩。粗粒叶蛇纹岩为主要近矿围岩。其次为通气沟岩体，岩体也已全部蛇纹石化，以致密状蛇纹岩为主，局部见粗粒叶蛇纹岩。致密状蛇纹岩为主要近矿围岩。此外，中生代侵入的辉绿岩和石英钠长斑岩呈脉状侵入于岩体上盘围岩及岩体中。对①号、②号矿体在近地表起破坏作用。

(3)构造：矿区内控岩、控矿构造，伊舒大断裂控矿，主要为"人"字形构造控制。主干断裂为走向北东74°，倾向南东张扭性断裂，支叉在主干北侧，产状10°～30°/70°～80°。

超基性岩浆沿"人"字形构造侵入，平面和剖面上形成了带有支叉或膨缩现象的脉状单斜岩体。岩体分叉、膨大部位控矿构造最发育，严格受裂隙控制，并与破碎带有关。另外矿体受"多"字形构造控制。

成矿后构造：成矿后断裂较发育，表现为多期脉岩及断裂破碎带。断裂位于岩体上盘矿体南侧，长600m，破碎带宽5～6m，总体走向74°，呈舒缓波状，倾向南东，倾角61°～82°，多处破坏矿体，深部对矿体影响不大。

2. 矿体特征

铬铁矿体最长93m，呈似脉状、雁行状、扁豆状产出，厚度小于1m，矿体东富西贫，Cr_2O_3最高品位为33.43%，最低品位为6.18%，平均品位为22.81%。矿体主要赋存在标高110m以上的浅部，详查深度在主要地段达300m，最大控制深度400m。在一个矿体中，往往中心为稠密浸染状，向边缘过渡为浸染状及致密块状矿化岩石。基本查清了①号、②号矿体形状、产状、规模及矿石质量。

①号矿体：矿体赋存在深大断裂北侧粗粒叶蛇纹岩中，呈脉状、雁行状分布，总体产状164°/72°，与岩体产状一致，扁豆状单矿体产状为165°/72°，主要倾向与矿体倾向相反。

矿体地表已知长度为93m，向西伸入水库中，据钻探资料（最大勘探深度360.46m）及矿体产状特点推测延深80m左右，沿侧伏方向最大延深150m，向下被北东向F3断层破坏。

扁豆状单个矿体水平长度1.8～7.8m，厚度0.35～2.4m，单个矿体连接部位无矿、薄矿部位长度0.24～4m。

②号矿体：该矿体与①号矿体同属一个控矿构造，产状与①号矿体一致，位于①号矿体分支膨大部位粗蛇纹岩南侧，与①号矿体相距240m，由3个扁豆小矿体组成，长33m，向东矿段断续延深30余米，含矿地段总长

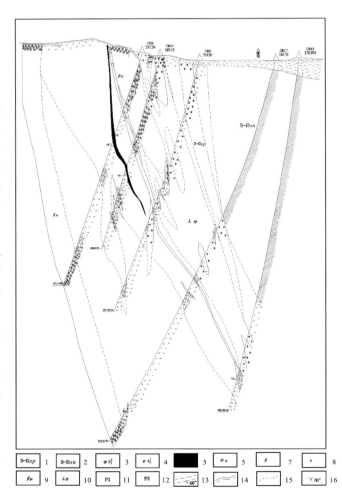

图6-2-2 小绥河铬铁矿矿区地质剖面图

1.志留纪—泥盆纪泥质砂岩、粉砂岩；2.志留纪—泥盆纪砂岩、灰岩、板岩；3.粗粒叶蛇纹岩；4.致密状蛇纹岩；5.铬铁矿体；6.角闪岩；7.闪长岩；8.辉长岩；9.辉绿岩；10.石英钠长斑岩；11.斜冲断层及断层带内的断层；12.压扭性破碎带；13.逆断层倾向及倾角；14.实测地质界线；15.推测地质界线；16.接触面倾向及倾角/倾斜流线构造及倾角

70m,矿体平均厚度0.66m,沿侧伏方向长轴最大延深21m,向下被F3断层破坏。矿石以中等浸染状为主,少许稠密浸染状矿石分布,见图6-2-2。

③号矿体:为位于①号矿体下盘的盲矿体,产状164°/65°,向东倾伏,倾角45°,沿倾伏方向延续280m,垂直于倾伏方向20m,由若干小矿体断续排列,矿体平均厚度0.275m,矿石以稠密浸染状类型为主,矿体仅有4个钻孔控制,矿体产状和规模可靠性差。

3. 矿石物质成分

(1)物质成分:主要有用成分为铬尖晶石,伴生的有用组分为铁、硫。
(2)矿石类型:稠密浸染状矿石占60%,稀疏—中等浸染状及块状矿石占40%。
(3)矿物组合:主要矿物为铬尖晶石;次要矿物为赤铁矿、褐铁矿及微量磁铁矿、黄铁矿、针镍矿、硫钴矿和六方硫钴矿等;脉石矿物为主要为叶绿泥石及单斜绿泥石,次为白云石及少量铬斜绿泥石。
(4)矿石的结构构造:含矿岩石的结构主要为似斑状结构;矿石的构造主要为稠密浸染状、稀疏浸染状、斑点状。

4. 蚀变类型

区内围岩蚀变主要有铬铁矿化、滑石化、碳酸盐化、硅化、褐铁矿化、绿泥石化、黄铁矿化。

5. 成矿阶段

成矿共分3个阶段,即早期成岩阶段、早期变质阶段和成矿变形阶段。

早期成岩阶段:幔源超基性成矿物质上侵,岩浆上侵过程中经局部熔融形成岩浆房堆积岩,继续沿深大断裂通道上侵,在成矿有利部位形成小而富的矿体。层状矿体产于超基性岩体变质的蛇纹岩中。该阶段为主成矿期。

早期变质阶段:岩浆在高温高压及大量水参与作用下,辉橄岩被蛇纹石化为粗粒叶蛇纹岩、致密状蛇纹岩。

成矿变形阶段:岩浆晚期经构造变形作用,形成小规模、形状复杂又严格受裂隙控制的铬铁矿。

6. 成矿时代

小绥河岩体同位素年龄为360Ma(沈阳地质矿产研究所,2004),推测成矿时代为海西期。

7. 地球化学特征

镁铁比粗粒叶蛇纹岩为9.36,致密状蛇纹岩为8.96。铬铁矿与富镁质的超基性岩有关,镁铁比值愈高,对铬铁矿的生成愈有利,已知含矿岩体镁铁比值为6~10。

8. 成因类型及成矿就位机制

成因类型:侵入岩浆型。
成矿就位机制:幔源超基性成矿物质上侵,岩浆上侵过程中局部熔融,形成岩浆房堆积岩,使早期成矿物质活化,进一步迁移、聚集,继续沿深大断裂通道上侵,富集的铬铁矿熔体在挥发分及压力作用下,短距离移动而充填北东向伊舒大断裂附近裂隙中,在构造分叉、膨大部位及其附近成矿有利部位就位形成层状矿体,产于超基性岩体变质的蛇纹岩中。岩浆上侵能量释放,使大量地下水、天水等参与活动,在高温高压作用下使辉橄岩被蛇纹石化为粗粒叶蛇纹岩、致密状蛇纹岩,到岩浆晚期经构造变形作用,形成小规模、形状复杂又严格受裂隙控制的铬铁矿。

9. 控矿因素

(1)构造控矿:受伊舒大断裂控制,北东向构造既为容矿构造,也为控矿构造。
(2)粗粒叶蛇纹岩和致密状蛇纹岩为控矿岩体,提供赋矿层位。

(二)地球物理异常、地球化学异常、遥感异常特征

1. 地球物理特征

在1:25万布格重力异常图上,矿床位于重力高一侧,且为梯度发生转折、突变处。

在1:5万航磁异常等值线平面图上,矿床位于负磁场区一侧。正磁异常逐渐升高,梯度较陡;在异常化极等值线图上,矿床处于两个局部异常之间。

小绥河①号超基性岩体和②号铬铁矿体沿北东东向展布,与磁异常分布的形态特征比较吻合。超基性岩石,剩余磁化强度平均值一般为$(1500\sim2900)\times10^{-3}$ A/m,磁性较强。致密块状铬铁矿磁化率为2.89×10^{-5} SI,磁性较弱,稠密浸染状铬铁矿具有中—弱感磁,但剩磁在矿区为最高,达4090×10^{-3} A/m,亦可引起较强的磁异常。含铬铁超基性岩体的重力高、磁力高,可作为寻找铬铁矿的地球物理标志。

2. 地球化学异常特征

矿床所在区域Cr没有异常反映,对永吉小绥河铬铁矿缺乏支撑,没有显示直接的找矿指示作用。圈定的Cr异常主要分布在矿床外围。与铬铁矿相关的Co、Mn、Fe_2O_3、MgO、Al_2O_3异常在矿床区域亦没有什么反映。Ni异常与矿床积极响应,矿致性质明显,可指示找矿。主矿体赋存于①号超基性岩体中,只有上富下贫的趋势。最高品位为35%,最低品位为6.18%。

3. 遥感异常特征

在吉林省永吉小绥河铬铁矿矿区附近,共解译线要素46条,全部为遥感断层要素。环要素25个,其形成与隐伏岩体有关或由中生代花岗岩类引起的或由基性岩类引起的。色要素1处,为绢云母化、硅化引起。

矿区位于舒兰-伊通断裂带北东侧,有北东向、北西向断裂穿过此区,有多个与隐伏岩体有关的环形构造,区内为遥感浅色色调异常区,有高度集中羟基异常及零星铁染异常分布,矿体严格受北东东向及近东西向张性断裂控制。

二、典型矿床成矿要素与成矿模式

1. 典型矿床成矿要素图

收集资料编绘矿区综合建造构造图,突出表达与成矿作用时空关系密切的建造构造、地层和矿床(矿点和矿化点)等地质体三维分布规律。主要反映矿床成矿地质作用、矿区构造、成矿特征等内容,特别是矿床典型剖面图能够直观地反映矿体空间分布特征和成矿信息。典型矿床成矿要素详见表6-2-1。

表 6-2-1　永吉小绥河铬铁矿床成矿要素表

成矿要素		内容描述				类别
		矿床属性侵入岩浆型				
		品位	22.81%	矿石储量	3.1万 t	
地质环境	岩石类型	粗粒叶蛇纹岩、致密状蛇纹岩				必要
	成矿时代	小绥河岩体同位素年龄为360Ma（沈阳地质矿产研究所，2004），推测成矿时代为海西期				重要
	成矿环境	矿区位于山河-榆木桥子金-银-钼-铜-铅-锌-成矿带（Ⅳ$_5$）、大绥河铜-铁找矿远景区（V$_1$）。矿床赋存于超基性岩体中，受深大断裂构造的影响，沿依兰-伊通深断裂的南缘活动带分布，成矿作用为岩浆熔离型				必要
	构造背景	大地构造位置位于天山-兴蒙-吉黑造山带（Ⅰ$_1$）、小兴安岭-张广才岭弧盆系（Ⅱ$_3$）、小顶山-张广才岭-黄松裂陷槽（Ⅲ$_2$）、双阳-永吉-蛟河上叠裂陷盆地（Ⅳ$_4$）。伊舒大断裂控矿，容矿控矿构造为北东向断裂				重要
矿床特征	矿物组合	矿石矿物类主要有铬尖晶石矿，次要有赤铁矿、褐铁矿以及微量磁铁矿、黄铁矿、针镍矿、硫钴矿和六方硫钴矿等。脉石矿物有叶绿泥石及单斜绿泥石，其次为白云石及少量铬斜绿泥石				重要
	结构构造	矿石结构主要有似斑状结构；矿石构造有稠密浸染状、稀疏浸染状、斑点状				次要
	蚀变特征	区内围岩蚀变主要有铬铁矿化、滑石化、碳酸盐化、硅化、褐铁矿化、绿泥石化、黄铁矿化				重要
	控矿条件	①构造控矿：受伊舒大断裂控制，北东向构造既为容矿构造，也为控矿构造； ②粗粒叶蛇纹岩和致密状蛇纹岩为控矿岩体，提供赋矿层位； ③矿体在围岩中均可见到，且均产在蚀变带内				必要

2. 成矿模式

岩浆早期幔源海西期超基性成矿物质上侵，岩浆上侵过程中局部熔融，形成岩浆房堆积岩，继续沿深大断裂通道上侵，富集的铬铁矿熔体在挥发分及压力作用下，短距离移动而充填北东向伊舒大断裂附近裂隙中，在构造分叉、膨大部位成矿有利部位及其附近就位形成层状矿体，产于超基性岩体变质的蛇纹岩中。岩浆上侵能量释放，使大量地下水、天水等参与活动，在高温高压作用下使辉橄岩被蛇纹石化为粗粒叶蛇纹岩、致密状蛇纹岩，到岩浆晚期经构造变形作用，形成小规模、形状复杂又严格受裂隙控制的铬铁矿（图6-2-3）。

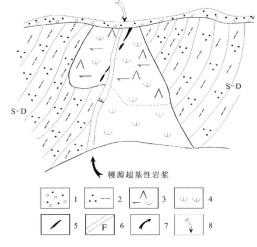

图 6-2-3　小绥河铬铁矿成矿模式图

1. 第四纪砂、砾石；2. 志留系—泥盆系二道沟群云母石英片岩；3. 致密状蛇纹岩；4. 粗粒叶蛇纹岩；5. 铬铁矿体；6. 断层；7. 深部超基性岩浆经分异成纯橄榄岩浆、辉橄岩浆及铬铁矿浆沿纵向冲断层先后贯入方向；8. 天水移动方向

第三节 预测工作区成矿规律研究

一、预测工作区地质构造专题底图确定

（一）小绥河预测工作区

1. 预测工作区的范围

编图区位于吉林省头道沟一带，面积 329.37 km²。区内有吉林—长春省级公路通过，交通方便。

2. 地质构造专题底图特征

充分收集与预测区内有关的地质、矿产等资料，特别注重收集最新的相关资料，并编绘实际材料图。在编绘过程中，主要以 1∶25 万吉林市幅建造构造图为基础，作为编图底图，补充 1∶5 万区域地质图及地质资料、进行修改和完善，将收集到的与基性—超基性侵入岩有关的资料（尤其是矿产资料）编绘于图中。明确了区内含矿（目的层）目标地质体，划分图层，以预测区内的基性—超基性岩石为研究重点，其次为变质岩、沉积岩。研究内容包括沉积岩岩石建造、变质岩岩石建造、基性—超基性岩石建造，主要与成矿有关的构造即成矿构造、控矿构造等，以及矿化特点、蚀变类型等。最终形成小绥河铬铁矿编图工作区侵入岩建造构造底图。

（二）开山屯预测工作区

1. 预测工作区的范围

编图区位于吉林省开山屯一带，面积 800.83 km²。区内有吉林—长春省级公路通过，交通方便。

2. 地质构造专题底图特征

在编绘过程中，主要以 1∶25 万延吉市幅建造构造图为编图底图，补充 1∶5 万区域地质图及地质资料、进行修改和完善，将收集到的与基性—超基性侵入岩有关的资料（尤其是矿产资料）编绘于图中。通过资料的收集和整理后，明确了区内含矿（目的层）目标地质体，划分图层，以预测区内的基性—超基性岩石为研究重点，其次为变质岩、沉积岩。研究内容包括沉积岩岩石建造、变质岩岩石建造、基性—超基性岩石建造，主要与成矿有关的构造即成矿构造、控矿构造等，以及矿化特点、蚀变类型等。将与沉积岩型、侵入岩型铬铁矿形成有关的地质、矿产信息较全面地标绘在图中，最终形成开山屯铬铁矿预测区侵入岩建造构造图。

（三）头道沟预测工作区

1. 预测工作区的范围

编图区位于吉林省中部，永吉县头道沟一带，属永吉县管辖。区内有吉林—辉南省级公路、吉林—

桦甸县级公路通过,与村村通路相连,交通较为方便

2. 地质构造专题底图特征

吉林省头道沟地区铬矿产资源在空间上受基性—超基性岩浆岩岩性、岩相构造控制,因此编制地质构造专题底图是侵入岩浆构造图。编图在收集1∶5万建造构造图的基础上、充填1∶25万吉林市幅建造构造图资料,形成头道沟地区地质构造专题底图编制基础资料,再补充1∶5万地质图及大比例尺地质矿产图资料修改而成。突出基性—超基性岩浆建造,重视构造改造,其他地质内容作了简化。区内头道岩组变质岩建造进行了较详细的研究。转绘矿点、矿化点和围岩蚀变,研究矿产与侵入岩浆、古生代火山活动、构造之间的成因联系,最终形成头道沟铬铁矿预测区侵入岩建造构造图。

二、预测工作区成矿要素特征与区域成矿模式

(一)小绥河预测工作区

用1∶5万小绥河侵入岩建造构造图作为底图。突出表达与小绥河铬铁矿所在区域成矿作用时空关系密切的早二叠世超基性岩体岩性、岩相和矿床(矿点和矿化点)等地质体三维分布规律和伊舒大断裂构造特征,还突出表达了矿化蚀变信息及围岩蚀变内容。图面能够直观地反映矿床空间分布特征和成矿信息。主图外附加剖面图与区域成矿要素表及成矿模式图,详见表6-3-1,图6-3-1。

表6-3-1 吉林省小绥河预测工作区小绥河式侵入岩浆型铬铁矿成矿要素表

成矿要素	内容描述	类别
矿床类型	侵入岩浆型	重要
岩石类型	晚泥盆世橄榄岩、含辉橄榄岩	必要
成矿时代	小绥河岩体同位素年龄为360Ma(沈阳地质矿产研究所,2004),推测成矿时代为海西期	重要
成矿环境	小绥河基性—超基性岩带位于舒兰-伊通深断裂带的南侧大顶子-石头口门裂陷盆地内,受舒兰-伊通深断裂南侧的次级断裂控制,古生界西别河组中近东西向分布基性—超基性岩石组合,富集铬元素形成矿产	必要
构造背景	大地构造位置位于吉林省南华纪—中三叠世构造单元分区,天山-兴蒙-吉黑造山带(Ⅰ₁)、小兴安岭-张广才岭弧盆系(Ⅱ₃)、小顶山-张广才岭-黄松裂陷槽(Ⅲ₂)、双阳-永吉-蛟河上叠裂陷盆地(Ⅳ₃)	重要
控矿条件	①构造控矿:受伊舒大断裂控制,北东向构造既为容矿构造,也为控矿构造; ②古生代西别河组中赋存的基性—超基性岩控矿	必要

(二)开山屯预测工作区

用1∶5万开山屯侵入岩建造构造图作为底图。突出表达与开山屯铬铁矿所在区域成矿作用时空关系密切的早二叠世超基性岩体岩性、岩相和矿床(矿点和矿化点)等地质体三维分布规律和深大断裂次级断裂长白-图们与新安-龙井断裂交会部位成矿构造特征,还突出表达了矿化蚀变信息及围岩蚀

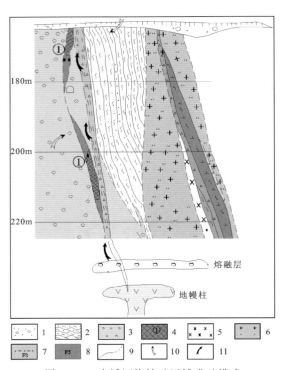

图 6-3-1 小绥河铬铁矿区域成矿模式

1. 覆土、亚黏土、砾石；2. 石英绿泥片岩/绿泥片岩/云母绿泥片岩；
3. 粗粒叶蛇纹岩；4. 矿体；5. 辉绿岩；6. 石英钠长斑岩；7. 斜冲断层及断层带内的断层；8. 压扭性破碎带；9. 实测/推测地质界线；
10. 水环流方向；11. 岩浆携带成矿物质运移方向

变内容。图面能够直观地反映矿床空间分布特征和成矿信息。主图外附加剖面图及区域成矿要素表及区域成矿模式图（参见小绥河铬铁矿区域成矿模式），详见表 6-3-2。

表 6-3-2 吉林省开山屯预测工作区小绥河式侵入岩浆型铬铁矿成矿要素表

成矿要素	内容描述	类别
矿床类型	侵入岩浆型	重要
岩石类型	二叠纪橄榄岩	必要
成矿时代	山秀玲镁铁—超镁铁质岩 Sm-Nd 全岩等时线年龄（245.29±17）Ma	重要
成矿环境	处于靖宇-和龙隆起的北东侧图们-山秀岭裂陷盆地内，区内有二叠纪橄榄岩，地表岩体大部分蛇纹石化，橄榄岩岩石建造组合具有铬铁矿产形成与赋存的地质构造背景。北东向构造为容矿构造	必要
构造背景	大地构造位置位于吉林省南华纪—中三叠世构造单元分区，天山-兴蒙-吉黑造山带（I$_1$）、包尔汉图-温都尔庙弧盆系（II$_6$）、清河-西保安-江城岩浆弧（III$_6$）、图们-山秀玲上叠裂陷盆地（IV$_6$）。区内以北东向、北西向断裂构造为主，近南北向构造发育在区内东部	重要
控矿条件	①构造控矿：受两江口-和龙深大断裂控制，北东向构造既为容矿构造，也为控矿构造；②二叠纪橄榄岩控矿	必要

(三) 头道沟预测工作区

用 1∶5 万头道沟侵入岩建造构造图作为底图。突出表达与头道沟多金属硫铁矿所在区域成矿作用时空关系密切的晚三叠世超基性岩体岩性、岩相和矿床（矿点和矿化点）等地质体三维分布规律和伊舒大断裂次级断裂柳河-吉林断裂构造特征，还突出表达了矿化蚀变信息及围岩蚀变内容。图面能够直观地反映矿床空间分布特征和成矿信息。主图外附加剖面图及区域成矿要素表与成矿模式图，详见表 6-3-3、图 6-3-2。

表 6-3-3 吉林省头道沟预测工作区小绥河式侵入岩浆型铬铁矿成矿要素表

成矿要素	内容描述	类别
矿床类型	侵入岩浆型	重要
岩石类型	晚二叠世橄榄岩	必要
成矿时代	海西期	重要
成矿环境	处于头道沟-山秀岭残留蛇绿混杂岩带-头道沟残留镁铁—超镁铁质系构造单元内，区内超基性岩主要为橄榄岩、辉石橄榄岩，岩体蛇纹石化，赋存铬矿产。区内基性—超基性岩石受控于近东西向构造	必要
构造背景	大地构造位置位于吉林省南华纪—中三叠世构造单元分区，天山-兴蒙-吉黑造山带（Ⅰ$_1$）、小兴安岭-张广才岭弧盆系（Ⅱ$_3$）、小顶山-张广才岭-黄松裂陷槽（Ⅲ$_2$）、双阳-永吉-蛟河上叠裂陷盆地（Ⅳ$_3$）。基性—超基性岩石受控于近东西向、北东东向断层	重要
控矿条件	①构造控矿：受伊舒大断裂控制，北东向构造既为容矿构造，也为控矿构造； ②古生界西别河组中近东西向分布基性—超基性岩石组合，富集铬元素形成矿产； ③蛇纹岩是主要近矿围岩，矿体在围岩中均可见到。矿体均产在蚀变带内	必要

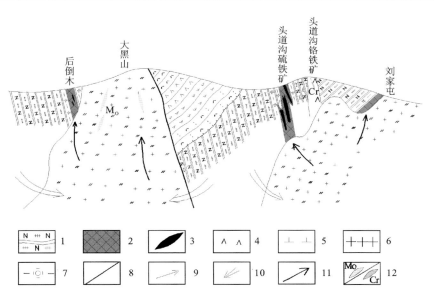

图 6-3-2 头道沟硫铁矿区域成矿模式图

1.呼兰群头道岩组；2.矽卡岩；3.硫铁矿体、铬铁矿；4.超基性岩；5.闪长岩；6.花岗岩脉；7.硅化；
8.断层；9.地层（成矿）物质迁移方向；10.雨水加入岩浆热液环流方向；11.燕山期中酸性岩浆及其热液迁移方向；12.钼矿体/铬铁矿体

第七章　重力、磁测、物探、化探、遥感、自然重砂应用

第一节　重　力

一、技术流程

根据预测工作区预测底图确定的范围，充分收集区域内1∶20万重力资料及以往的相关资料，在此基础上开展预测工作区1∶5万重力相关图件编制，之后开展相关的数据解释，以满足预测工作对重力资料的需求。

二、资料应用情况

应用收集了2008—2009年1∶100万、1∶20万重力资料及综合研究成果以及预测工作区的密度参数、磁参数、电参数等物性资料。开展预测工作区和典型矿床所在区域研究时，全部使用1∶20万重力资料。

三、数据处理

预测工作区编图全部使用全国项目组下发的吉林省1∶20万重力数据。重力数据已经按《区域重力调查技术规范》(DZ/T 0082—2006)进行"五统一"改算。

布格重力异常数据处理采用中国地质调查局发展中心提供的RGIS2008重磁电数据处理软件，绘制图件采用MapGIS软件，按全国矿产资源潜力评价《重力资料应用技术要求》执行。

剩余重力异常数据处理采用中国地质调查局发展中心提供的RGIS重磁电数据处理软件，求取滑动平均窗口为14km×14km剩余重力异常，绘制图件采用MapGIS软件。

等值线绘制等与布格重力异常图相同。

四、地质推断解释

(一)预测工作区地质推断解释

1. 小绥河预测工作区

在剩余重力异常图上,古生代地层、超基性岩体及基底隆起引起的北东走向重力高异常带贯穿本区,异常轴部位于伊-舒断陷盆地东南侧附近,小绥河超基性岩体上出现异常最大值。小绥河超基性岩体磁异常和吉C1-1959-100航磁异常均位于其轴部之上。伊-舒岩石圈断裂带为重要的基性—超基性岩浆上涌通道,即控岩构造,其次一级构造往往是控矿构造。该重力高异常带是寻找半隐伏超基性岩带及与其有密切关系的铬铁矿产的有利地带。

西北部为伊-舒盆地和东南部中侏罗世花岗闪长岩、二长花岗岩分布区表现为重力低场区特征。

2. 开山屯预测工作区

预测区处于和龙地块北缘的陆缘活动带上,褶皱、断裂构造发育。断裂主要有东西向、南北向、北西向及北东向断裂。其中以沿图们江南北向断裂和东西向断裂延长。

在区域布格重力异常图上,预测区中部是一条近南北向的梯度带,其东部彩绣洞附近是一条近南北向的重力高。南北向梯度带西部是一条平行的重力低值带。预测区南部是一条近东西向的梯度带。从梯度带走向看,区内断裂主要为南北向和东西向,并且规模较大,延伸较长,分别延出预测区,区内金矿分布在断裂东侧开山屯附近的重力高上,重力高反映为下二叠统大蒜沟组、中二叠统庙岭组。可以看出铬铁矿的形成主要受断裂和地层控制。断裂西侧的重力低值区,反映了智新镇附近的中生代沉积盆地及其南部的中生代火山岩、燕山期酸性岩体的分布。

在剩余重力异常图上,区内重力场主要由东部靠近中朝边境的北北东走向的波状起伏重力高异常带及其西侧的近南北走向的重力低异常带组成。含小型铬铁矿的超基性岩体及其南部超基性岩体、北部的基性岩体均分布在重力高异常呈带的最强局部异常之上。该局部重力异常近等轴状,宽约9km,与超基性岩体有关的航磁异常分布其上,"重、磁同高"是寻找含铬铁矿超基性岩体的有利部位。

3. 头道沟预测工作区

在区域布格重力异常图上,预测区处于山河镇烟筒山重力异常的东侧,其边部梯度带走向为北西向。北部是双阳吉林北东向的重力高异常带,两处重力高异常反映了晚古生代基底隆起。预测区处在重力高向重力低的过渡带上,两者有明显的差异。区内重力场主要反映了大面积分布的中生代火山岩及中酸性侵入岩体的重力场特征。在区域剩余重力异常图上,双河镇—头道沟一带有两处局部重力高异常,即双河镇和头道沟重力异常,反映了下古生界和上古生界的重力场特征。头道沟和芹菜沟超基性岩体位置与重力高异常吻合,撮落屯附近的重力低异常,反映了赋存大黑山钼矿的花岗岩体。

第二节 磁 测

一、技术流程

根据预测工作区预测底图确定的范围,充分收集区域内1:20万航磁资料及以往的相关资料,在此基础上开展预测工作区1:5万航磁相关图件编制,之后开展相关的数据解释,以满足预测工作对航磁资料的需求。

二、资料应用情况

应用收集了19份1:10万、1:5万、1:2.5万航空磁测成果报告及1:50万航磁图解释说明书等成果资料。根据国土资源航空物探遥感中心提供的吉林省2km×2km航磁网格数据和1957—1994年间航空磁测1:100万、1:20万、1:10万、1:5万、1:2.5万共计20个测区的航磁剖面数据,充分收集应用预测工作区的密度参数、磁参数、电参数等物性资料。开展预测工作区和典型矿床所在区域研究时,主要使用1:5万航磁资料,部分使用1:10万、1:20万航磁资料。

三、数据处理

预测工作区编图全部使用全国项目组下发的航磁数据,按航磁技术规范,采用RGIS和Surfer软件网格化功能完成数据处理。采用最小曲率法,网格化间距一般为1/2~1/4测线距,网格间距分别为150m×150m、250m×250m。然后应用RGIS软件位场数据转换处理,编制1:5万航磁剖面平面图、航磁ΔT异常等值线平面图、航磁ΔT化极等值线平面图、航磁ΔT化极垂向一阶导数等值线平面图,航磁ΔT化极水平一阶导数(0°、45°、90°、135°方向),航磁ΔT化极上延不同高度处理图件。

四、磁异常分析及磁法推断地质构造特征

(一)小绥河预测工作区

区内西北部为伊-舒盆地,盆地东部、南部出露的沉积岩有上志留统—下泥盆统西别河组砂岩、夹灰岩透镜体、页岩夹泥灰岩、灰岩;中二叠统范家屯组砂岩、砂砾岩;上二叠统杨家沟组粉砂质板岩、泥质板岩夹细砂岩。古近系吉舒组砂岩夹煤建造。火山岩地层有上三叠统四合屯组,下侏罗统玉兴屯组。侵入岩有晚泥盆世超基性岩,中侏罗世花岗闪长岩、二长花岗岩,晚泥盆世超基性岩有橄榄岩、含辉橄榄岩,岩石呈黑绿色、暗绿色,发生蛇纹石化。橄榄岩岩石建造组合具有铬铁矿产形成与赋存的地质构造背景。

区域航磁场以负磁场为背景,西南部1972年航测的航磁异常比另外较大范围的1959年航测的航磁异常反映得较细致些。小绥河—四道沟一线为北东向展布的伊-舒盆地东界,其西北部由平静负磁场和规模较大的北东走向呈椭圆状正磁异常组成,正磁异常位置反映为重力低,推断为沉积盆地下部隐伏的中酸性岩体引起的。盆地东部分布有两处与超基性岩体有关的磁异常和大面积的低缓负磁异常;南部几处复杂变化正磁异常出露为半隐伏的上三叠统四合屯组安山岩夹安山质火山碎屑岩、下侏罗统玉兴屯组流纹质-安山质火山碎屑岩引起的。

区内主要航磁异常有两处:

(1)小绥河超基性岩体异常,表现为北东东走向的扁豆状异常,异常中心位于北东部位,最大值为80nT,边部梯度陡,赋存有小型小绥河铬铁矿床。位于伊-舒断陷盆地东侧附近,受深大断裂控制,且处在北东走向重力高异常带上,地表出露有上志留统—下泥盆统西别河组和下石炭统沉积地层,为超基性岩体围岩,该异常仍具有找矿潜力。

(2)吉C1-1959-100异常,位于四道沟南部,呈东西走向椭圆状,最大值为200nT,有蛇纹岩出露,推断为半隐伏超基性岩体异常。位于伊-舒断陷盆地东侧附近,受深大断裂控制,与小绥河超基性岩体同处于一个北东走向重力高异常带上,地表出露主要有下侏罗统玉兴屯组火山岩、古近系吉舒组沉积地层,是寻找深部半隐伏含铬铁矿超基性岩体的有利地段。

(二)开山屯预测工作区

预测区位于延吉盆地南侧紧靠盆地边缘,表现出正负变化的波动磁场特征。在测区西部长财村—智新镇一带,为一异常带,背景场值为100~200nT,并有4个局部异常,最高异常值在1000nT左右。异常主要与火山岩有关。在测区东部有一近南北向高值异常,强度达2200nT,与超基性岩有关。除这些异常外,测区呈现大面积负磁场,南部与侏罗纪花岗岩有关,北部与三叠纪、白垩纪沉积岩有关。区内金谷山金矿处在强磁异常旁边的负磁场中,为破碎蚀变岩型,受断裂构造和韧性剪切带控制。

区内主要航磁异常:吉C-60-175异常走向近南北,呈长轴状,异常强度高,梯度陡,范围4.8km×2km,极大值2250nT,西侧及北东侧伴有明显负值。在异常的北端有已知含小型铬铁矿的超基性岩,异常中部亦有一处超基性岩分布,推断异常由半隐伏的超基性岩体引起,两处超基性岩体在深部相连为一整体,故认为异常范围内是寻找铬铁矿的有利部位。北东侧负磁异常带上有热液型小型金矿床一处,在异常周围是寻找金矿的有利地带。另外,吉C-78-104异常推断与沉积变质铁矿有关,吉C-78-105异常、C-78-106异常、C-78-107异常与安山岩有关,吉C-60-174异常与闪长岩有关。

(三)头道沟预测工作区

区内磁场较平稳,强度变化在50~100nT之间,主要反映了花岗岩的磁场特征,在东部五里河—白马夫一带磁场强度高、梯度陡,呈串珠状或团块状,东西向和近南北向有负值。区内航磁异常特征如下。

1. 吉C-59-31异常(永吉县双河镇的芹菜沟一带)

1:5万航磁异常呈北北西向条状或呈串珠状断续分布,长10km、宽1km左右,最大强度为1500nT,一般强度200~800nT。相邻测线连续性好,梯度陡。

1:2.5万地面磁测异常呈北北西向条状断续分布,长12km、宽500~3000m。最大强度为6600nT,一般强度500~3000nT。曲线呈尖峰状并有起伏,局部有较强负值,相邻测线连续性好。磁异常与超基性岩体分布范围基本吻合。

根据物性资料,蛇纹石化橄榄岩κ平均值为$4500\times4\pi\times10^{-6}$SI,$J\gamma$为$20\,000\times10^{-3}$A/m,用$\Delta T$为$2\pi J$估算足以引起地表异常,所以该异常由超基性岩(芹菜沟岩体)引起。

据1:2.5万多金属次生晕面积普查,Cr最高品位0.1%,一般为0.03%~0.06%。Ni最高品位为

0.1%～0.3%,一般为 0.04%～0.06%,Ni 最高品位为 0.1%～0.3%,一般为 0.04%～0.06%。出现异常的地方都与超基性岩位置吻合。查证结论是磁异常由超基性岩引起。Ni 已达至矿化的边界品位,Co 含量也较高,还含有微量的铂族元素。但是没有厘清是硫化镍还是硅化镍,二者工业要求不同。自然电位法、磁法、次生晕同位素异常值得注意,还缺少激电、视电阻率成果。该异常值得进一步工作。

2. 吉 C-59-44 异常（永吉县西阳乡义新屯东、西半天山及周围）

1∶5 万航磁异常呈不规则的等轴状出现,直径约 3km,以 800～1000nT 等值线圈定,异常呈几个北东向的条带平行分布。最大强度为 1900nT,一般强度为 1000nT,梯度陡,北侧有明显负值。

1∶5 万地面磁异常的形态范围和航磁相似,最高强度为 5400nT,一般强度为 2000nT。曲线梯度陡呈锯齿状,北侧有明显负值。异常区出露古生界头道岩组,超基性岩侵入该地层中,超基性岩中含铬铁矿。经查证得知,磁异常与超基性岩的位置相对应,并且超基性岩体上 Cr、Ni 次生晕值较强。查证的结论是,磁异常主要由超基性岩引起,在岩体中单个或成群出现的小铬铁矿体已查明规模较小且不具有工业意义。

3. 吉 C-59-45 异常（永吉县五里河公社头道沟南黑头山）

1∶5 万航磁异常呈不规则的三角形,其中一边走向近东西。三角形面积约 7km²。最大强度 1900nT,一般强度为 800nT。异常梯度陡,北侧有明显负值。1∶1 万地面磁测异常形态与航磁异常相似,三角形面积约 4.5km²,最大强度 1500nT,一般强度为 3000nT。梯度陡,曲线呈锯齿状,北侧有明显负值。

在本区寻找超基性岩体及铬铁矿,航磁异常反映良好。在重力场上,超基性岩分布在重力高异常或其梯度带上,重磁场结合是寻找超基性岩的有效方法。

第三节 化 探

一、技术流程

由于该区域仅有 1∶20 万化探资料,所以用该数据进行数据处理,编制区域地球化学异常图,将图件再放大到 1∶5 万。

二、资料应用情况

应用收集了 1∶5 万或 1∶20 万化探资料。

三、化探资料应用分析、化探异常特征及化探地质构造特征

(一) 小绥河预测工作区

1∶20 万化探数据在矿床所在区域没有异常反映,只在矿床的东北部分布两处 Cr 异常（1 号、2 号）。

其中1号异常有较好的二级分带,向东、向北没有封闭。2号异常分带差,近椭圆状,面积4.26km²。一方面,与铬铁矿相关的Fe_2O_3、MgO、Al_2O_3异常在矿床区域亦没有反映。而Ni异常与矿床积极响应,可成为铬铁矿的找矿指示元素。另一方面,当尖晶石岩相中Ni、Cu含量较高时,应注意用铜镍矿去寻找。

（二）开山屯预测工作区

矿床所在区域1:20万化探异常显示,Cr元素异常具有清晰的三级分带和明显的浓集中心,异常强度较高,峰值达到616.15×10^{-6},异常规模大,面积为169.13km²,NAP=501.59。不规则形状,异常轴向北西。开山屯铬铁矿即落位其中,显示出优质的矿致异常,见图7-2-1。

与Cr空间套合紧密的元素(氧化物)有Fe_2O_3、MgO、Al_2O_3、Ni,呈同心套合状,是评价开山屯铬铁矿的重要指示元素,其综合异常是主要的找矿区域。

（三）头道沟预测工作区

矿床所在区域1:20万化探异常显示,Cr元素异常具有清晰的三级分带和明显的浓集中心。异常强度为478.69×10^{-6},面积为157.02km²。NAP=306.19,呈带状分布,北东东向延伸的趋势。

与Cr同心套合的元素(氧化物)有Fe_2O_3、MgO、Ni,而Al_2O_3分布在Cr的外带。这种异常分布特征表明,在Cr元素异常分布区及其外带均是寻找铬铁矿的重要区域。与铬铁矿区成矿建造套合较好,见图7-2-2。

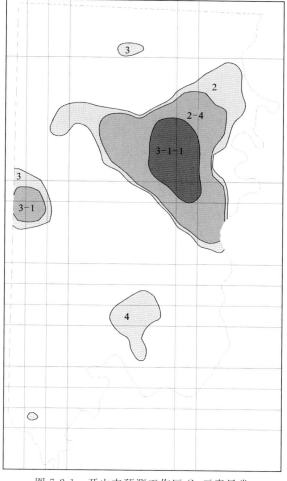

图7-2-1 开山屯预测工作区Cr元素异常

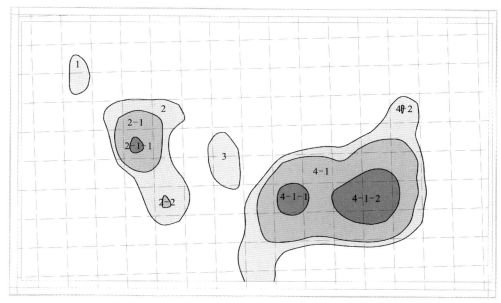

图7-2-2 头道沟预测工作区Cr元素异常

第四节 遥 感

一、技术流程

利用 MapGIS 将该幅 *.Geotiff 图像转换为 *.msi 格式图像,再通过投影变换,将其转换为 1∶5 万比例尺的 *.msi 图像。

利用 1∶5 万比例尺的 *.msi 图像作为基础图层,添加该区的地理信息及辅助信息,生成鸭园—六道江地区沉积型铬铁矿 1∶5 万遥感影像图。

利用 Erdas imagine 遥感图像处理软件,将处理后的吉林省东部 ETM 遥感影像镶嵌图输出为 *.Geotiff 格式图像,再通过 MapGIS 软件将其转换为 *.msi 格式图像。

在 MapGIS 支持下,调入吉林省东部 *.msi 格式图像,在 1∶25 万精度的遥感特征解译基础上,对吉林省各矿产预测类型分布区进行空间精度为 1∶5 万的矿产地质特征与近矿找矿标志解译。

利用 B1、B4、B5、B7 四个波段对应的准归一化校正数据或无损失拉伸数据进行主成分分析,第四主成分存储于 14 通道中,对其分三级进行异常切割,一般情况一级异常 $K_σ$ 取 3.0,二级异常 $K_σ$ 取 2.5,三级异常 $K_σ$ 取 2.0,个别情况 $K_σ$ 值略有变动。经过分级处理的 3 个级别的铬染异常分别存储于 16、17、18 通道中。

利用 B1、B3、B4、B5 四个波段对应的准归一化校正数据或无损失拉伸数据进行主成分分析,第四主成分存储于 15 通道中,对其分三级进行异常切割,一般情况一级异常 $K_σ$ 取 2.5,二级异常 $K_σ$ 取 2.0,三级异常 $K_σ$ 取 1.5,个别情况 $K_σ$ 值略有变动。经过分级处理的 3 个级别的铬染异常分别存储于 19、20、21 通道中。

二、资料应用情况

利用全国项目组提供的 2002 年 9 月 17 日接收的 117/31 景 ETM 数据经计算机录入、融合、校正形成的遥感图像。利用全国项目组提供的吉林省 1∶25 万地理底图提取制图所需的地理部分。参考吉林省区域地质调查所编制的吉林省 1∶25 万地质图和吉林省区域地质志。

三、铬铁矿的遥感特征

(一)小绥河预测工作区

1. 遥感特征

本预测工作区内解译出 1 条大型断裂(带),为舒兰-伊通断裂带。该断裂带由近于平行的两组断裂组成,西侧断裂位于伊通-乌拉街槽地西缘与大黑山条垒交界,东侧断裂为伊通-乌拉街槽地东缘,两条断裂间的狭长槽地中堆积巨厚的新生代陆相碎屑岩。断裂带两侧的老地层和侵入岩向新生代地槽仰冲,地槽下降而接受新生代沉积物。

桦甸-双河镇断裂带:限于舒兰-伊通与敦化-密山两深断裂带之间,控制花岗岩及基性岩体和中酸性脉岩,岩体均呈北西走向成群分布。

本预测工作区内的小型断裂比较发育,以北东向断裂为主,北西向、北西西向次之,其中多表现为压性特点,北西向断裂多表现为张性特征。

预测工作区内的环形构造比较发育,共圈出17个环形构造。它们主要集中于不同方向断裂交会部位。按成因类型分为2类,其中火山机构或通道引起的环形构造2个,与隐伏岩体有关的环形构造15个。

预测工作区内共解译出色调异常1处,为绢云母化、硅化引起,它们在遥感图像上显示为浅色色调异常。从空间分布上看,区内的色调异常明显与断裂构造及环形构造有关,在北东向断裂带上及北东向断裂带与其他方向断裂交会部位以及环形构造集中区,色调异常呈不规则状分布。

区内的永吉县小绥河铬铁矿在空间上与遥感线、环、色均有较密切的关系,形成于小绥河镇环形构造南侧边缘,并严格受近东西向小型张性断裂控制,矿体分布于遥感色调异常区。

2. 预测工作区遥感异常分布特征

预测工作区共提取遥感铁染异常面积2 695 475.75m^2,其中一级异常313 973.701m^2,二级异常190 922.529m^2,三级异常2 190 579.521m^2。预测区舒兰-伊通断裂带北西侧有高度铁染异常分布,即分布在水系两侧。

预测工作区共提取遥感羟基异常面积6 219 940.054m^2,其中一级异常948 339.975m^2,二级异常1 287 868.505m^2,三级异常3 983 731.574m^2。预测区舒兰-伊通断裂带东南侧有高度羟基异常分布,即分布在遥感浅色色调异常区内,环形构造发育。

(二)开山屯预测工作区

1. 遥感特征

本预测工作区内解译出4条中型断裂(带),分别为长白-图们断裂带、和龙-春化断裂带、新安-龙井断裂带、智新-长安断裂带。

长白-图们断裂带:位于北东段,它切割二叠纪—三叠纪地层及岩体,沿断裂带有晚二叠世的中性、基性及超基性岩浆侵入。

和龙-春化断裂带:切割中元古代花岗闪长岩、侏罗纪—白垩纪地层及岩体,控制延吉盆地东南侧边缘及珲春盆地的分布。

新安-龙井断裂带:断层切割海西晚期和印支期花岗岩及晚二叠世地层,断裂东南段蛟河前进东南一带沿断裂有新生代玄武岩岩浆喷出。

智新-长安断裂带:在该区的北西部,该断裂带对晚侏罗世二长花岗岩、晚二叠世闪长岩、寒武纪花岗闪长岩等均有控制作用,控制延吉盆地东侧边缘。

本预测工作区内的小型断裂比较发育,并且以北西向、北西西向为主,东西向次之,其中北东向断裂多表现为压性特点,北西向断裂多表现为张性特征。

本预测工作区内共解译出3条脆韧性变形构造带,为节理劈理断裂密集带构造。构造带北东东走向分布于古生代、中生代地层及新生代花岗岩中。构造带北东走向形成于晚侏罗世以前的地层及岩体中。构造带北西走向分布于二叠纪早期中性火山岩、火山碎屑岩、长石石英砂岩中,二叠纪晚期超基性岩体沿该带分布。

本预测工作区内的环形构造比较发育,共圈出 25 个环形构造。它们主要集中于不同方向断裂交会部位。按成因类型分为 2 类,其中与隐伏岩体有关的环形构造 7 个、中生代花岗岩类引起的环形构造 5 个。隐伏岩体形成的环形构造与隐伏岩体有关,形成于晚侏罗世,与多金属矿床(点)的关系较密切。

本预测工作区内共解译出色调异常 1 处,全为绢云母化、硅化引起,它们在遥感图像上均显示为浅色色调异常。从空间分布上看,区内的色调异常明显与断裂构造及环形构造有关,在北东向断裂带上及北东向断裂带与其他方向断裂交会部位以及环形构造集中区,色调异常呈不规则状分布。

区内的小型铬铁矿矿在空间上分布于北东向与北西向断裂围成的菱形块体内,一隐伏岩体形成的环形构造内部,遥感色调异常区内。

2. 预测工作区遥感异常分布特征

预测工作区共提取遥感羟基异常面积 2 026 383.322 m^2,其中一级异常 729 059.024 m^2,二级异常 197 477.153 m^2,三级异常 1 099 847.145 m^2。预测区西南部长白-图们断裂带上,羟基异常集中分布在遥感浅色色调异常区。

预测工作区共提取遥感铁染异常面积 953 873.320 m^2,其中一级异常 63 900 m^2,二级异常 49 500 m^2,三级异常 84 0473.32 m^2。预测区东北部,和龙-春化断裂带、新安-龙井断裂带与长白-图们断裂带交会处铁染异常集中分布,长白-图们断裂带上铁染异常分布广泛,龙井市开山屯铬铁矿周围铁染异常相对集中。

(三)头道沟预测工作区

1. 遥感特征

本预测工作区内解译出 3 条中型断裂(带),为桦甸-双河镇断裂带、柳河-吉林断裂带、双阳-长白断裂带。

桦甸-双河镇断裂带限于舒兰-伊通与敦化-密山两深断裂带之间,控制加里东晚期(大玉山花岗岩)-海西晚期-燕山期花岗岩及基性岩体和中酸性脉岩,岩体均呈北西走向成群分布。

柳河-吉林断裂带:该断裂切割了两个一级构造单元,切割不同时代地质体。该带及其附近矿产较为丰富,有钼矿、钨矿、铜矿、金、铁和多金属矿等。该带形成于侏罗纪以前,但不早于晚古生代末,中生代活动较为强烈,新生代仍有活动。

双阳-长白断裂带:双阳盆地、烟筒山西的晚三叠世盆地,明城东的中侏罗世盆地和石嘴东的中侏罗世盆地等沿断裂带分布,北段西南侧七顶子—磐石一带燕山早期的花岗岩体和基性岩体群,中段石嘴红旗岭、黑石一带众多的燕山早期花岗岩小岩株和海西期基性—超基性岩体群均沿此断裂带呈北西向展布。

本预测工作区内的小型断裂比较发育,以北东向为主,北西向、东西向次之。这些小型断裂在遥感图像上表现为压性特点,仅有少量的北西向断裂表现为张性特征。

本预测工作区内的环形构造比较发育,共圈出 24 个环形构造。它们主要集中于不同方向断裂交会部位。按成因类型分为 3 类,其中与隐伏岩体有关的环形构造 9 个,中生代花岗岩类引起的环形构造 13 个,与基性岩类引起的环形构造 2 个,形成于三叠纪超基性岩株附近,关系较密切。

本预测工作区内共解译出色调异常 4 处,全为绢云母化、硅化引起,它们在遥感图像上均显示为浅色色调异常。从空间分布上看,区内的色调异常明显与断裂构造及环形构造有关,在北东向断裂带上及北东向断裂带与其他方向断裂交会部位以及环形构造集中区,色调异常呈不规则状分布。

2. 预测工作区遥感异常分布特征

预测工作区遥感异常没有反映。

第五节 自然重砂

一、技术流程

按照自然重砂基本工作流程，在矿物选取和自然重砂数据准备完善的前提下，根据《自然重砂资料应用技术要求》，应用吉林省1∶20万自然重砂数据制作吉林省自然重砂工作程度图、自然重砂采样点位图，以选定的20种自然重砂矿物为对象，相应制作自然重砂矿物分级图、有无图、等量线图、八卦图，并在这些基础图件的基础上，结合汇水盆地圈定自然重砂异常图、自然重砂组合异常图，并进行异常信息的处理。

预测工作区自然重砂异常图的制作仍然以吉林省1∶20万自然重砂数据为基础数据源，以预测工作区为单位制作图框，截取1∶20万自然重砂数据制作单矿物含量分级图，在单矿物含量分级图的基础上，依据单矿物的异常下限绘制预测工作区自然重砂异常图。

预测工作区矿物组合异常图是在预测工作区单矿物异常图的基础上，以预测工作区内存在的典型矿床或矿点所涉及的自然重砂矿物选择矿物组合，将工作区单矿物异常空间套合较好的部分，以人工方法进行圈定，制作预测工作区矿物组合异常图。

二、资料应用情况

预测工作区自然重砂基础数据主要源于全国1∶20万的自然重砂数据库。本次工作对吉林省1∶20万自然重砂数据库的重砂矿物数据进行了核实、检查、修正、补充和完善，重点针对参与自然重砂异常计算的字段值，包括自然重砂总质量、缩分后质量、磁性部分质量、电磁性部分质量、重部分质量、轻部分质量、矿物鉴定结果进行核实检查，并根据实际资料进行修整和补充完善。数据评定结果为质量优良，数据可靠。

三、自然重砂异常及特征分析

1. 小绥河预测工作区

该预测工作区对典型矿床存在直接作用的自然重砂矿物是铬尖晶石。工作区中该自然重砂矿物报出率低，仅以点异常出现在小绥河铬铁矿相邻的汇水盆地。虽然没有显示出对典型矿床明显的支撑作用，但异常点和铬铁矿均受小绥河超基性岩体控制。据此推测铬尖晶石异常在成矿系统中对预测铬铁矿仍具有重要的指示作用，可直接寻找铬铁矿化痕迹。

2. 开山屯预测工作区

本预测工作区具备直接指示作用的铬铁矿圈出 4 处自然重砂异常,含量分级较高,面积分别为 $1.93km^2$、$4.62km^2$、$0.89km^2$、$1.28km^2$。其中,1 号、3 号、4 号异常落位在开山屯铬铁矿控制水域的下游,且与出露的超基性岩体积极响应,Cr 的化探异常亦提供有力的佐证。据此认为自然重砂异常源于开山屯铬铁矿成矿系统,具有优良的矿致性和找矿指示意义。

2 号异常分布在开山屯铬铁矿的相邻汇水盆地,其源头分水岭分布有控矿的超基性岩体。因此,2 号异常可为外围找矿预测提供重要依据。

该预测工作区成矿地质条件优良,自然重砂异常发育,找矿指示作用明显,是扩大铬铁矿资源的重要区域。

3. 头道沟预测工作区

本预测工作区铬尖晶石圈出 6 处自然重砂异常,含量分级较高,面积分别为 $2.54km^2$、$2.59km^2$、$0.35km^2$、$3.08km^2$、$0.56km^2$、$4.72km^2$。该 6 处自然重砂异常与分布的超基性岩体没有响应关系,水系源头亦没有相关矿致源存在,属于性质不明异常,对铬铁矿预测指示作用不明显。

第八章 矿产预测

第一节 矿产预测方法类型及预测模型区选择

一、吉林省矿产预测类型及预测方法类型

(一)预测类型

本次选择的预测类型吉林省只有侵入岩浆型。对应的预测方法类型为侵入岩体型(表 8-1-1)。

(二)模型区的选择

每个预测工作区内选择典型矿床所在的最小预测区为模型区,预测工作区无典型矿床的,参照成因类型相同、成因时代相同或相近的其他预测工作区(表 8-1-1)。

表 8-1-1 吉林省铬铁矿预测类型工作区分布表

序号	预测工作区名称	预测类型	预测方法类型	模型区名称	模型区重要建造	预测资源量方法
1	小绥河	小绥河式侵入岩浆型	侵入岩体型	小绥河模型区	超基性岩侵入体＋深大断裂构造＋矿化信息	地质体积
2	开山屯	小绥河式侵入岩浆型	侵入岩体型	参考小绥河模型区	超基性岩侵入体＋深大断裂构造＋矿化信息	地质体积
3	头道沟	小绥河式侵入岩浆型	侵入岩体型	参考小绥河模型区	超基性岩侵入体＋深大断裂构造＋矿化信息	地质体积

(三)编图重点

(1)收集整理矿区区域地质资料、矿区地质构造图、矿床地质综合平面图/剖面图、矿区大比例尺、物探、化探资料。

(2)在矿床成矿地质、成矿构造、矿产、成矿作用特征研究成果的基础上,以矿区地质构造图为底图,改编为岩性构造图,结合区域地质资料,综合矿床地质综合平面、剖面内容,编制矿床成矿要素图及成矿

模式。

(3) 在矿床成矿要素图的基础上，增加矿区大比例尺物探、化探异常资料、其他找矿标志，编制物探化探找矿模式图、矿床预测要素图。

(4) 在典型矿床预测要素图的基础上，依据典型矿床所在位置区域地质资料，区域物探、化探、遥感、自然重砂异常特征分析资料，典型矿床外围或矿田范围内矿产资料，建立模型区预测模型，编制模型区预测要素图。要求全部表达：构造、成矿（矿田）构造、矿产特征、成矿作用特征、物探、化探、遥感推断地质构造特征、物探、化探、遥感、自然重砂异常及其他找矿标志等预测要素内容。

说明矿区和模型区的关系：矿区范围为矿床形成的自然边界，是典型矿床研究工作的核心区，但是可能存在局限性，因此把预测工作区中典型矿床所在位置的区域范围（或矿田）称为预测模型区，其范围应以能全面反映与该矿床成矿有关的地质特征、成矿构造特征、矿产（组合）特征、成矿作用特征，以及典型矿床所在位置的区域地质构造特征，区域物探、化探、遥感、自然重砂异常及其他找矿标志特征为主。

1. 小绥河铬铁矿预测工作区

用1∶5万小绥河侵入岩建造构造图作为底图。首先重点突出与时空定位有关的超基性岩侵入体、深大断裂构造、矿化信息等控矿要素，矿床（矿点和矿化点）、矿化蚀变信息，含矿体及矿区大比例尺化探异常资料，其他找矿标志。其次为航磁、重力、自然重砂信息表示，主图外附加模型区化探剖面图，能够直观地反映该预测类矿床空间分布特征和预测信息。

2. 开山屯铬铁矿预测工作区

用1∶5万开山屯侵入岩建造构造图作为底图。首先重点突出与时空定位有关的超基性岩侵入体、深大断裂构造、矿化信息控矿要素，矿床（矿点和矿化点）、矿化蚀变信息，含矿体及矿区大比例尺物探、化探异常资料，其他找矿标志。其次为航磁、重力信息，自然重砂信息表示，主图外附加模型区化探剖面图，能够直观地反映该预测类矿床空间分布特征和预测信息。

3. 头道沟预测工作区

用1∶5万头道沟侵入岩建造构造图作为底图。首先重点突出与时空定位有关的超基性岩侵入体、深大断裂构造、矿化信息等控矿要素，矿床（矿点和矿化点）、矿化蚀变信息，含矿体及矿区大比例尺物探、化探异常资料，其他找矿标志。其次为航磁、重力信息，自然重砂信息表示，主图外附加模型区化探剖面图，能够直观地反映该预测类矿床空间分布特征和预测信息。

第二节 矿产预测模型与预测要素图编制

一、典型矿床预测要素与典型矿床预测模型

1. 典型矿床预测要素

小绥河铬铁矿床预测要素见表8-2-1。

表 8-2-1 小绥河式永吉小绥河铬铁矿床预测要素表

预测要素		内容描述	类别
地质条件	岩石类型	粗粒叶蛇纹岩、致密状蛇纹岩	必要
	成矿时代	小绥河岩体同位素年龄为360Ma（沈阳地质矿产研究所，2004），推测成矿时代为海西期	
	成矿环境	矿区位于山河-榆木桥子金-银-钼-铜-铁-铅-锌成矿带（IV$_5$）、大绥河铜-铁找矿远景区（V$_1$）。矿床赋存于超基性岩体中，受深大断裂构造的影响，沿舒兰-伊通深断裂的南缘活动带分布。成矿作用为岩浆熔离型	必要
	构造背景	大地构造位置位于天山-兴蒙-吉黑造山带（I$_1$）、小兴安岭-张广才岭弧盆系（II$_3$）、小顶山-张广才岭-黄松裂陷槽（III$_2$）、双阳-永吉-蛟河上叠裂陷盆地（IV$_4$）。伊舒大断裂控矿，容矿控矿构造为北东向断裂	重要
矿床特征	控矿条件	①构造控矿：受伊舒深大断裂控制，北东向构造既为容矿构造，也为控矿构造； ②粗粒叶蛇纹岩和致密状蛇纹岩为控矿岩体，提供含矿、赋矿层位； ③矿体在围岩中均可见到。矿体均产在蚀变带内	必要
	蚀变特征	区内围岩蚀变主要有铬铁矿化、滑石化、碳酸盐化、硅化、褐铁矿化、绿泥石化、黄铁矿化	重要
	矿化特征	区内铬铁矿体最长93m，呈似脉状、雁行状、扁豆状产出，厚度小于1m，矿体东富西贫。矿体主要赋存在标高110m以上的浅部，在一个矿体中，往往中心为稠密浸染状，向边缘过渡为浸染状及致密块状矿化岩石。基本查清了①号和②号矿体形状、产状、规模及矿石质量	重要
综合信息	地球化学	在矿床所在区域Cr没有异常反映，对小绥河铬铁矿缺乏支撑，没有显示直接的找矿指示作用。圈定的Cr异常主要分布在矿床外围。与铬铁矿相关的Co、Mn、Fe$_2$O$_3$、MgO、Al$_2$O$_3$异常在矿床区域亦没有反映。Ni异常与矿床积极响应，矿致性质明显，可指示找矿。主矿体赋存于①号超基性岩体中，具有上富下贫的趋势。最高品位为35%，最低品位为6.18%	次要
	地球物理	在1:25万布格重力异常图上，矿床位于重力高梯度发生转折、突变处；在1:5万航磁异常等值线平面图上，矿床位于负磁场区一侧。正磁异常逐渐升高，梯度较陡；在化极异常等值线图上，矿床处于两个局部异常之间。小绥河①号超基性岩体①号和②号铬铁矿体沿北东东向展布，与磁异常分布的形态特征比较吻合。含铬铁超基性岩体的重力高、磁力高，可作为寻找铬铁矿的地球物理标志	重要
	自然重砂	在矿床相邻水域有铬尖晶石重砂异常，可直接指示外围找矿预测	次要
	遥感	矿区位于舒兰-伊通断裂带北东侧，有北东向、北西向断裂穿过此区，有多个与隐伏岩体有关的环形构造，区内为遥感浅色色调异常区，有高度集中羟基异常及零星铁染异常分布	次要
找矿标志		①粗粒叶蛇纹岩和致密状蛇纹岩为直接找矿标志； ②构造标志：北东向构造分叉、膨大部位是矿体赋存的有利部位，是直接找矿标志； ③蚀变标志：铬铁矿化、滑石化、碳酸盐化、硅化、褐铁矿化、绿泥石化、黄铁矿化蚀变岩石是该区的直接找矿标志； ④地球物理标志：重力高、磁力高区及布格异常相对高区与铬铁矿有关，应该引起足够重视	重要

小绥河铬铁矿床地质矿产、地球化学综合预测模型见图 8-2-1,小绥河铬铁矿床所在区域地质矿产及物探剖析图见图 8-2-2。

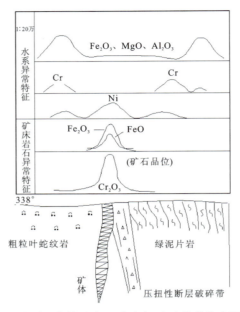

图 8-2-1　小绥河铬铁矿床地质矿产、地球化学综合预测模型

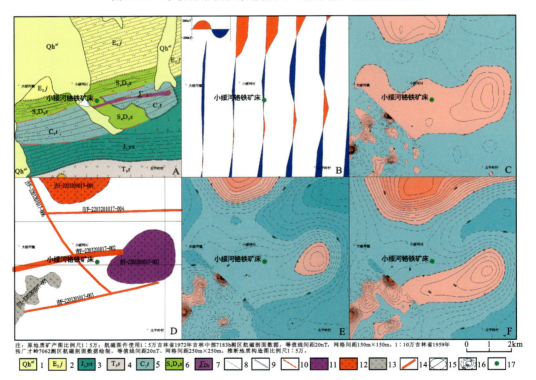

图 8-2-2　小绥河铬铁矿床所在地区地质矿产及物探剖析图

A. 地质矿产区；B. 航磁 ΔT 剖面平面图；C. 航磁 ΔT 化极垂向一阶导数等值线平面图；D. 航磁推断地质构造图；E. 航磁 ΔT 化极等值线平面图；F. 航磁 ΔT 等值线平面图

1. 全新统；2. 吉舒组；3. 玉兴屯组；4. 四合屯组；5. 通气沟组；6. 西别河组；7. 晚泥盆世橄榄岩；8. 整合地质界线；9. 角度不整合地质界线；10. 推测断层；11. 磁法推断超基性岩体；12. 磁法推断酸性岩体；13. 磁法推断火山岩地层；14. 磁法推断断裂构造；15. 磁法推断出露、隐伏、半隐伏地质界线；16. 航磁异常零值线及注记、航磁异常正等值线积注记、航磁异常负等值线及注记；17. 铬铁矿

二、模型区深部及外围资源潜力预测分析

(一)典型矿床已查明资源储量及其估算参数

该预测工作区内的典型矿床为小绥河铬铁矿。

(1)查明资源储量:小绥河铬铁矿典型矿床所在区,以往工程控制实际查明的并且已经在储量登记表中上表的全部资源储量为3.1万t。

(2)面积:小绥河铬铁矿典型矿床所在区域含矿地质体面积36 456m²。含矿地质体的平均倾角72°。

(3)延深:小绥河铬铁矿勘探控制矿体的最大延深为400m。

(4)品位、体重:小绥河铬铁矿矿区矿石平均品位22.81%,体重3.33。

(5)体积含矿率:体积含矿率=查明资源储量/(面积×Sinα×延深),其中α为含矿层位的平均倾角,计算得出小绥河铬铁矿体含矿率,见表8-2-2。

表 8-2-2 小绥河式侵入岩浆型小绥河铬铁矿预测工作区典型矿床查明资源储量表

编号	名称	查明资源储量(规模) 矿石量	面积/m²	垂深/m	品位/%	体重	倾角/(°)	体积含矿率
A2203201001001	永吉小绥河铬铁矿	小型	36 456	380	22.81	3.33	72	0.000 002 238

(二)典型矿床深部及外围预测资源量及其估算参数

1. 典型矿床已查明储量深部及外围储量

永吉小绥河铬铁矿典型矿床深部资源量预测:矿体沿倾向最大延深400m,矿体倾角72°,实际垂深380m,根据该含矿层位在区域上的产状、走向、延伸等均比较稳定,推断该套含矿层位在800m深度仍然存在,所以本次对该矿床的深部预测垂深选择800m。矿床深部预测实际深度为420m。面积采用典型矿床面积预测其深部资源量。应用预测资源量=面积×延深×体积含矿率,结果见表8-2-3。

表 8-2-3 小绥河式侵入岩浆型小绥河铬铁矿预测工作区典型矿床深部及外围预测资源量表

编号	名称	预测资源量(规模)	面积/m²	垂深/m	体积含矿率
A2203201001001	永吉小绥河铬铁矿	小型	36 456	420	0.000 002 238

2. 典型矿床深部及外围总资源量

永吉小绥河铬铁矿典型矿床深部及外围总资源量统计结果见表8-2-4。

表 8-2-4　小绥河式侵入岩浆型小绥河铬铁矿预测工作区典型矿床总资源量表

模型区编号	名称	查明资源储量（规模）	预测资源量（规模）	总资源量（规模）	总面积/m²	总垂深/m	含矿系数
A22032010001001	永吉小绥河铬铁矿	小型	小型	小型	36 456	800	0.000 002 238

（三）模型区预测资源量及估算参数确定

1. 模型区估算参数确定

永吉小绥河铬铁矿预测工作区。

模型区：永吉小绥河铬铁矿典型矿床所在的最小预测区。

模型区预测资源量：永吉小绥河铬铁矿探明和典型矿床深部及外围预测资源量的总资源量，即查明资源量＋深部及外围预测资源量。

面积：永吉小绥河铬铁矿模型区的面积是超基性岩体（蛇纹石化）含矿建造＋矿化信息＋构造＋航磁异常，加以人工修正后的最小预测区面积。

延深：模型区内永吉小绥河铬铁矿典型矿床的总延深，即最大预测深度。区域上该套含矿层位在800m深度处延深仍然比较稳定，所以模型区的预测实际深度选择420m，沿用小绥河铬铁矿典型矿床的最大预测深度。

含矿地质体面积参数：含矿地质体面积/模型区面积，经计算得出含矿地质体面积参数，结果见表8-2-5。

表 8-2-5　小绥河式侵入岩浆型小绥河铬铁矿模型区预测资源量及其估算参数表

模型区编号	名称	模型区预测资源量（规模）	模型区面积/m²	垂深/m	含矿地质体面积/m²	含矿地质体面积参数
A2203201001001	永吉小绥河铬铁矿	小型	918 163	420	36 456	0.039 705 49

2. 模型区含矿系数确定

小绥河式侵入岩浆型永吉小绥河铬铁矿预测工作区，含矿地质体含矿系数确定公式为：模型区含矿系数＝模型区预测资源总量/（模型区总体积×含矿地质体面积参数）。

实际工作中用典型矿床含矿地质体面积/模型区含矿地质体面积相比得出含矿地质体面积参数来修正典型矿床的含矿地质体含矿率，从而得出地质体含矿系数，结果见表8-2-6。

表 8-2-6　小绥河式侵入岩浆型小绥河铬铁矿模型区含矿地质体含矿系数表

模型区编号	名称	模型区含矿系数	含矿地质体面积参数	预测深度/m
A2203201001001	小绥河铬铁矿A类最小预测区	0.000 002 238	0.039 705 49	420

三、预测要素图编制及解释

(1)编制区域成矿要素图,应按照矿产预测方法类型来确定预测底图。预测工作区侵入岩体型铬铁矿以侵入岩建造构造图作为底图。

(2)编制地质构造基础类预测底图过程中充分应用重磁、遥感、化探推断解译资料。编制同比例尺重磁、遥感、化探推断解译地质构造图,对于隐伏侵入体,火山机构、隐伏或隐蔽构造、盆地基底构造,应进行定量反演,大致确定隐伏侵入体的埋深、成矿侵入体的三维形态变化,给预测提供依据。

(3)预测要素图编制。按照矿产预测类型以预测底图为基础,在底图上突出标明与成矿有关的地质内容,图面标明全部矿床、矿点、矿化线索、采矿遗迹、蚀变等有关内容。综合分析成矿地质作用、成矿构造、成矿特征等内容,确定区域成矿要素及其区域变化特征。叠加重磁、遥感、化探推断解译资料。在研究区范围内,可以根据区域成矿要素的空间变化规律进行分区。根据上述预测工作区地质及物探、化探、遥感、自然重砂信息成矿规律研究,编制预测工作区预测要素表。根据预测工作区预测要素建立预测模型。吉林省小绥河预测工作区侵入岩体型铬铁矿预测要素见表8-2-7。开山屯预测工作区侵入岩体型铬铁矿预测要素见表8-2-8。头道沟预测工作区侵入岩体型硫铁矿预测要素见表8-2-9。

表8-2-7 吉林省小绥河预测工作区侵入岩体型铬铁矿预测要素

预测要素	内容描述	类别
岩石类型	二叠纪橄榄岩、含辉橄榄岩	必要
成矿时代	小绥河岩体同位素年龄为360Ma(沈阳地质矿产研究所,2004),推测成矿时代为海西期	重要
成矿环境	小绥河基性—超基性岩带位于舒兰-伊通深断裂带的南侧大顶子-石头口门裂陷盆地内,受舒兰-伊通深断裂南侧的次级断裂控制,古生界西别河组中近东西向分布基性—超基性岩石组合,富集铬元素形成矿产	必要
构造背景	大地构造位置位于吉林省南华纪—中三叠世构造单元分区,天山-兴蒙-吉黑造山带(I_1)、小兴安岭-张广才岭弧盆系(II_3)、小顶山-张广才岭-黄松裂陷槽(III_2)、双阳-永吉-蛟河上叠裂陷盆地(IV_3)	重要
控矿条件	①构造控矿:受伊舒深大断裂控制,北东向构造既为容矿构造,也为控矿构造; ②古生界西别河组中赋存的基性—超基性岩,提供赋矿层位	必要
蚀变特征	区内围岩蚀变主要有褐铁矿化、蛇纹石化、透闪石化、滑石化、蛇纹岩等蚀变带	重要
矿化特征	区内基性—超基性岩石中赋存铬铁矿化。橄榄岩发育褐铁矿化、蛇纹石化、透闪石化、滑石化、蛇纹岩等	重要
地球化学	区内Cr异常分带差,对典型矿床不支持,其组合异常(Co、Mn、Fe_2O_3、MgO、Al_2O_3)分布在矿床外围,是外围重要的找矿预测区。主要的伴生指示元素Ni具有清晰三级分带和明显的浓集中心,强度为30×10^{-6},面积$28km^2$,北东向展布,与典型矿床积极响应,矿致性质明显	次要

续表 8-2-7

预测要素	内容描述	类别
地球物理	伊-舒盆地东侧重力高异常带上分布的磁力高异常是寻找半隐伏超基性岩带及与其有密切关系的铬铁矿产的有利地带。伊舒岩石圈断裂带东缘上的重力、航磁异常梯度带边缘是岩石圈断裂的反映,为重要的基性—超基性岩浆上涌通道,即控岩构造,其次一级构造往往是控矿构造	重要
自然重砂	直接作用的自然重砂矿物铬尖晶石在区内只有点异常存在,对矿床缺乏必要的支撑,指示作用不显著	次要
遥感	矿区位于伊舒断裂带北东侧,有北东向、北西向断裂穿过,有多个与隐伏岩体有关的环形构造沿北东向展布。区内为遥感浅色色调异常区,有高度集中羟基异常及零星铬铁染异常分布	次要
找矿标志	①古生界西别河组中赋存的基性—超基性岩石组合; ②构造标志:北东向构造分叉、膨大部位是矿体赋存的有利部位,是直接找矿标志; ③蚀变标志:发育褐铁矿化、蛇纹石化、透闪石化、滑石化、蛇纹岩等蚀变带也是寻找铬铁矿产的有利地段; ④地球物理标志:重力高、磁力高区及布格异常相对高区与铬铁矿有关,应该引起足够重视	重要

表 8-2-8　吉林省开山屯预测工作区侵入岩体型铬铁矿预测要素

预测要素	内容描述	类别
岩石类型	二叠纪橄榄岩	必要
成矿时代	彩秀洞镁铁—超镁铁质岩 Sm-Nd 全岩等时线年龄为(245.29±17)Ma	重要
成矿环境	处于靖宇-和龙隆起的北东侧图们-山秀岭裂陷盆地内,区内有二叠纪橄榄岩,地表岩体大部分蛇纹石化,橄榄岩石建造组合具有铬矿产形成与赋存的地质构造背景。北东向构造为容矿构造	必要
构造背景	大地构造位置位于吉林省南华纪—中三叠世构造单元分区,天山-兴蒙-吉黑造山带(I_1)、包尔汉图-温都尔庙弧盆系(II_6)、清河-西保安-江城岩浆弧(III_5)、图们-山秀玲上叠裂陷盆地(IV_6)。区内构造以北东向、北西向断裂构造为主,近南北向构造发育在区内东部	重要
控矿条件	①构造控矿:受两江口-和龙深大断裂控制,北东向构造既为容矿构造,也为控矿构造; ②二叠纪橄榄岩控矿	必要
蚀变特征	区内围岩蚀变主要有褐铁矿化、蛇纹石化、透闪石化、滑石化、蛇纹岩等蚀变带	重要
矿化特征	开山屯铬铁矿位于延吉市子洞村,有草坪及彩秀洞两处矿点,区内基性—超基性岩石中赋存黄铁矿、铬矿化。橄榄岩发育褐铁矿化、蛇纹石化、透闪石化、滑石化、蛇纹岩化等	重要
地球化学	圈出的铬铁矿自然重砂异常,含量分级较高,分布在开山屯铬铁矿控制水域的下游,对开山屯铬铁矿有响应效果,具一定的指示作用	重要
自然重砂	①二叠系庙岭组中分布的基性—超基性岩石组合为直接找矿标志; ②构造标志:北东向构造分叉、膨大部位是矿体赋存的有利部位,是直接找矿标志; ③地球物理标志:重力高、磁力高区及布格异常相对高区与铬矿有关,应该引起足够重视	次要

续表 8-2-8

预测要素	内容描述	类别
遥感	矿区位于北东向和龙-春化断裂带、长白-图们断裂带与北西向新安-龙井断裂带三方交会部位，节理、劈理、断裂密集带构造通过。区内为遥感浅色色调异常区，与隐伏岩体有关的环形构造沿北东向展布，矿区周围有铁染异常分布	次要
找矿标志	①二叠系庙岭组中分布的基性—超基性岩石组合，为直接找矿标志； ②北东向构造分叉、膨大部位是矿体赋存的有利部位，是直接找矿标志； ③重力高、磁力高区及布格异常相对高区与铬铁矿有关，应该引起足够重视	重要

表 8-2-9　吉林省头道沟预测工作区侵入岩体型硫铁矿预测要素

预测要素	内容描述	类别
岩石类型	晚二叠世橄榄岩	必要
成矿时代	海西期	重要
成矿环境	处于头道沟-山秀岭残留蛇绿混杂岩带-头道沟残留镁铁—超镁铁质系构造单元内，区内超基性岩主要为橄榄岩、辉石橄榄岩，岩体蛇纹石化，赋存铬铁矿。区内基性—超基性岩石受控于近东西向构造	必要
构造背景	大地构造位置位于吉林省南华纪—中三叠世构造单元分区，天山-兴蒙-吉黑造山带（I_1）、小兴安岭-张广才岭弧盆系（II_3）、小顶山-张广才岭-黄松裂陷槽（III_2）、双阳-永吉-蛟河上叠裂陷盆地（IV_3）。基性—超基性岩石受控于近东西向、北东东向断层	重要
控矿条件	①受伊舒深大断裂控制，北东向构造既为容矿构造，也为控矿构造； ②古生界西别河组中近东西向分布基性—超基性岩石组合，富集铬、硫元素形成矿产； ③蛇纹岩是主要近矿围岩，矿体在围岩中均可见到。矿体均产在蚀变带内	必要
蚀变特征	区内围岩蚀变主要有褐铁矿化、蛇纹石化、透闪石化、滑石化、蛇纹岩化等	重要
矿化特征	区内已知铬铁矿化赋存于基性—超基性岩石中，橄榄岩发育褐铁矿化、蛇纹石化、透闪石化、滑石化、蛇纹岩化等	重要
地球化学	1：20万化探数据圈出具有清晰三级分带和明显浓集中心的Cr异常，强度为777×10^{-6}，面积大，展布方向为北西向及北东向，有超基性岩体出露，显示优良的地质背景和成矿条件，Cr-Ni-Fe$_2$O$_3$-MgO-Al$_2$O$_3$组合异常场是重要的找矿预测区	重要
地球物理	超基性岩分布在重力高异常或其梯度带上，同时表现为高磁异常，与重磁场结合，是寻找超基性岩的有效方法	重要
自然重砂	区内分布矿物含量级别较高的铬尖晶石重砂异常，与超基性岩体和Cr的化探异常吻合，具有重要的重砂找矿指示意义	次要
遥感	矿区位于北西向桦甸-双河镇断裂带与北东向柳河-吉林断裂带交会处，有多个与隐伏岩体有关的环形构造和中生代引起的环形构造呈团状分布，区内为遥感浅色色调异常区，有高度集中的铁染、羟基异常分布	次要
找矿标志	①古生界头道岩组中赋存的基性—超基性岩石组合； ②构造标志：北东向构造分叉、膨大部位是矿体赋存的有利部位，也是直接找矿标志； ③地球物理标志：重力高、磁力高区及布格异常相对高区与铬、硫有关，应该引起足够重视； ④发育褐铁矿化、蛇纹石化、透闪石化、滑石化、蛇纹岩等蚀变带的区域，是寻找铬矿产的有利地段	重要

第三节 预测区圈定

一、预测区圈定方法及原则

预测区的圈定采用综合信息地质法,圈定原则如下:
(1)与预测工作区内的模型区类比,具有相同的含矿建造。
(2)在与模型区类比有相同的含矿建造的基础上,只有明显的 Cr 元素化探异常。
(3)同时参考重磁、自然重砂、遥感的异常区和相关的地质解释与推断。
(4)超基性岩含矿建造与重磁异常的区圈定为初步预测区。
(5)最后专家对初步确定的最小预测区进行确认。

二、圈定预测区操作细则

在突出表达超基性岩含矿建造、矿化蚀变标志的1∶5万成矿要素图基础上,叠加1∶5万化探、航磁、重力、遥感、自然重砂异常及推断解释图层,以含矿建造和重磁异常为主要预测要素和定位变量,叠加典型矿床。参考物探的重力异常,遥感的羟基、铬染异常,以及近矿地质特征解译、自然重砂异常等信息,修改初步最小预测区,最后由地质专家确认修改,形成最小预测区。

第四节 预测要素变量的构置与选择

预测要素及要素组合的数字化、定量化原则如下:
(1)以地质为基础,以各学科基本理论为原理,以地质体为对象,按各方法的原则。也就是说,把地质体在地质、地球物理、地球化学、遥感和自然重砂方面的信息按预测原则进行综合圈定。
(2)一致性原则。地质体或地质体的组合,具有不同性质、不同规模;地球物理场(主要是重力、磁场)具有分区性,地球化学场(主要是反映成岩作用的同生地球化学场)也具有分区性。这些场区的划分必须与地质体的划分相一致。不同等级、不同规模信息的提取和应用应遵循一致性原理。
(3)差异性原则。应用一致性原则,在综合解释地质图上进行分析。而同一分区又要充分研究各种信息的差异性。例如同一类型地质体,由于剥蚀程度不同或沿走向的变化而造成的差异性,重力、航磁局部叠加场的特征和反映以矿化蚀变作用为主的叠生地球化学场的特点等。这些信息虽然较局限,但多为成矿信息。
(4)综合方法、合理配置的原则。对已有的各学科和各种方法手段形成的资料成果应越多越好。而根据模型建立的方法组合则应强调合理配置。另一层意思是各种信息不能等量齐观。例如,重力信息较少受表层的影响,主要反映是表层以下深部信息;航磁是表层与深源信息的叠加;化探信息主要是水系沉积物测量结果,在地下水比较发育,特别是与地表水有水力联系地区,节理裂隙发育地区,其结果不仅是地表的信息,同样也是深部的信息;而遥感信息主要是地貌景观的影像,以表层信息为主。因此,在综合解释时一定要按各自信息的特点合理配置,才能取得较好的效果。分析结果如图 8-4-1～图 8-4-3 所示。得出的网格单元分布图能够帮助地质人员更加客观地认识预测工作区,增加客观性,从而能避免一些人为的主观因素参与到预测中。

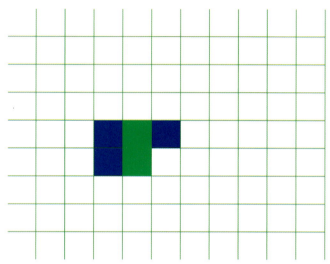

图 8-4-1　小绥河地区网格单元分布图

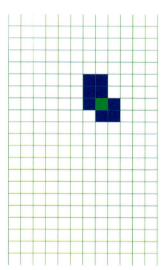

图 8-4-2　开山屯地区网格单元分布图

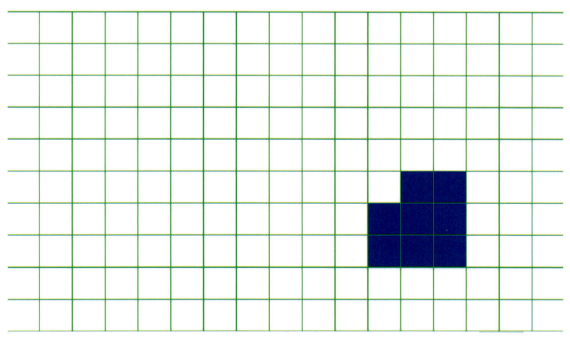

图 8-4-3　头道沟地区网格单元分布图

第五节　预测区优选

一、预测区优选类别确定

模型区提供的预测变量有超基性岩侵入体＋重磁异常（化探异常）＋矿化信息3个变量，其他单元用到的预测变量有不同程度增减。统计单元与模型单元的变量数基本一样，但有的内容不同，如果只是简单地运用特征分析法和神经网络法，采用公式进行计算求得成矿有利度，根据有力度对单元进行优选，存在脱离实际的可能。因为统计单元成矿概率是同样的，都是1，无法真实反映成矿有利度。本次预测区的优选充分考虑典型矿床预测要素少的实际情况及成矿规律，采取优选方法其标准如下。

A 类预测区：同时含有典型矿床及含矿建造及重磁异常（化探异常）的预测单元。

C 类预侧区：同时含有矿（化）点及含矿建造及化探异常的预测单元。

二、预测区评述

（一）小绥河预测工作区

含矿建造为小绥河超基性岩体、重磁异常和小型矿产地存在，Cr化探异常与含矿建造吻合程度不好。本次共圈定最小预测区A类1个。区域上铬铁矿的赋矿层位为超基性岩体，铬铁矿成因类型为侵入岩浆型，预测类型为小绥河式侵入岩体型。成矿特征和圈出最小预测区地质特点，与永吉小绥河铬铁矿床模型相似，都为超基性岩（蛇纹石化）含矿建造，与模型区具有相同的成矿构造、矿化信息等，推测资源潜力具有找中小型铬铁矿的条件。

在网格单元图的基础上，由在预测工作区工作过的经验丰富的专家进行网格单元的优选。包括网格单元、级别是否合理，得出网格单元优选图（图 8-5-1）。

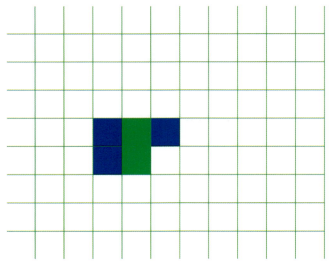

图 8-5-1　小绥河地区网格单元优选图

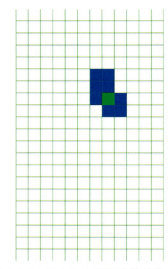

图 8-5-2　开山屯地区网格单元优选图

（二）开山屯预测工作区

含矿建造为超基性岩体、深大断裂构造和矿点存在，Cr 化探异常与含矿建造吻合程度较好。本次共圈定最小预测区 C 类 1 个。区域上铬铁矿的赋矿层位为超基性岩体，铬铁矿成因类型为小绥河式侵入岩浆型，预测类型为侵入岩体型。成矿特征和圈出最小预测区地质特点，与永吉小绥河铬铁矿床模型相似，都为超基性岩含矿建造，与模型区具有相同的成矿构造、矿化信息等，资源潜力为具有找小型以上铬铁矿的条件(图 8-5-2)。

（三）头道沟预测工作区

含矿建造为超基性岩体、深大断裂构造和矿点存在，Cr 化探异常与含矿建造吻合程度不好。本次共圈定最小预测区 C 类 1 个。区域上铬铁矿的赋矿层位为超基性岩体，铬铁矿成因类型为侵入岩浆型，预测类型为侵入岩体型。成矿特征和圈出最小预测区地质特点，与永吉小绥河铬铁矿床模型相似，都为超基性岩体含矿建造，与模型区具有相同的成矿构造、矿化信息等，资源潜力为具有找小型以上铬铁矿的条件(图 8-5-3)。

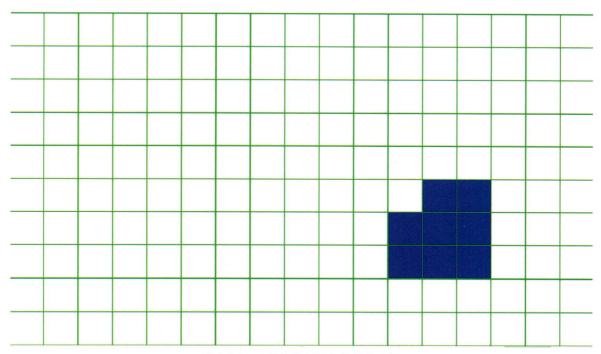

图 8-5-3　头道沟地区网格单元优选图

第六节　资源量定量估算

一、最小预测区预测资源量及估算参数

估算方法：地质体积法。应用含矿地质体预测资源量公式：

$Z_体 = S_体 \times H_预 \times K \times \alpha$。

式中：$Z_体$为模型区中含矿地质体预测资源量；$S_体$为含矿地质体面积；$H_预$为含矿地质体延深（指矿化范围的最大延深），即最大预测深度；K为模型区含矿地质体含矿系数；α为相似系数。

模型区是指典型矿床所在的最小预测区，其含矿地质体含矿系数确定公式为：

含矿地质体含矿系数＝模型区预测资源总量/模型区含矿地质体总体积

模型区建立在1∶5万的预测工作区内。

二、估算参数及结果

（一）最小预测区参数确定

最小预测区面积参数确定：小绥河典型矿床面积参数确定，超基性岩侵入体与化探异常叠加，面积参数经人工修正，即模型区面积参数×可信度，见表8-6-1。

最小预测区预测深度参数确定：延伸依据典型矿床的实际钻探资料，含矿地质体的厚度、矿体的最大延深并结合预测区控矿构造、矿化蚀变、地球化学分带、物探信息，在此基础上推测含矿建造可能的延深大小，见表8-6-2。

最小预测区含矿系数确定：最小预测区含矿系数确定，依据模型区含矿系数，考虑到现有工作程度，模型区之外的最小预测区工作程度低于模型区，因此，在现有工作程度情况下，这些最小预测区显然找矿条件和远景比模型差，这仅仅是在现有工作程度下的判断。根据矿产资源潜力评价项目技术要求对于模型区之外的最小预测区按照预测区内具体的预测要素与模型区的预测要素对比，依据各个预测要素的可信度，综合评价各个最小预测区的含矿系数。评价结果见最小预测区含矿系数表8-6-3。

最小预测区相似系数确定：相似系数是对比模型区和预测区全部预测要素的总体相似程度、各定量参数的各项相似系数来确定，见表8-6-4。

最小预测区参数可信度确定原则。

（1）面积可信度：有含矿地质建造、矿床或矿点分布、化探异常较好的定为0.75；有地质建造、矿点分布的定为0.25。

（2）延深可信度：模型区所在最小预测区的延深是根据已知典型矿床的最大钻探深度，同时结合已知控制矿体的可能延伸确定，确定的延深可信度为0.8。预测工作区内最小预测区的延深是根据相同成因类型典型矿床的勘探深度确定的，确定的延深可信度为0.25。

（3）含矿系数可信度：对矿床深部外围资源量了解比较清楚，与模型区处于相同的构造环境下、含矿建造相同，有物探航中磁异常，已知矿床（点）的最小预测区，含矿系数可信度为0.8；与模型区处于相似的构造环境下、含矿建造相似、化探异常特征、有已知矿化点的最小预测区，含矿系数可信度为0.25。

（二）最小预测区资源量

最小预测区资源量规模见表8-6-5。

表 8-6-1 最小预测区面积参数确定信息

预测区	序号	最小预测区编号	确定方法	预测区面积参数	模型区面积参数	可信度
小绥河	1	A2203201001	小绥河模型区超基性岩体（蛇纹石化）含矿建造＋已知矿点＋构造＋航磁异常	0.029 779 12	0.039 705 494	0.75
开山屯	2	C2203201002	与小绥河模型区对比＋含矿建造＋构造＋已知矿点＋化探异常	0.009 926 373	0.039 705 494	0.25
头道沟	3	C2203201003	与小绥河模型区对比＋含矿建造＋构造＋已知矿点＋化探异常	0.009 926 373	0.039 705 494	0.25

表 8-6-2 最小预测区深度参数确定信息

预测区	序号	最小预测区编号	确定方法	预测总深/m	勘探垂深/m	可信度
小绥河	1	A2203201001	最大勘探深度＋含矿建造推断	800	380	0.8
开山屯	2	C2203201002	与模型区对比	800		0.25
头道沟	3	C2203201003	与模型区对比	800		0.25

表 8-6-3 最小预测区含矿系数确定信息

预测区	序号	最小预测区编号	确定方法	模型区含矿系数	预测区含矿系数	可信度
小绥河	1	A2203201001	模型区预测资源总量/含矿地质体总体积	0.000 002 238	0.000 000 067	0.75
开山屯	2	C2203201002	与模型区类比具有相同的构造环境＋含矿建造＋化探异常	0.000 002 238	0.000 000 022	0.25
头道沟	3	C2203201003	与模型区类比具有相同的构造环境＋含矿建造＋化探异常	0.000 002 238	0.000 000 022	0.25

表 8-6-4 最小预测区相似系数确定信息

预测区	序号	最小预测区编号	确定方法	相似系数	可信度
小绥河	1	A2203201001	模型区	1	1
开山屯	2	C2203201002	与模型区具有相同的构造环境＋含矿建造＋化探异常＋已知矿点	0.3	0.3
头道沟	3	C2203201003	与模型区具有相同的构造环境＋含矿建造＋化探异常＋已知矿点	0.3	0.3

表 8-6-5 最小预测区预测资源量规模统计表

预测区	序号	最小预测区编号	资源量估算方法	估算资源量级别	估算资源量综合可信度	资源量500m以浅	资源量1000m以浅	资源量2000m以浅
小绥河	1	A2203201001	地质参数体积法	334-1	1	小型	小型	小型
开山屯	2	C2203201002	地质参数体积法	334-2	0.3	小型	小型	小型
头道沟	3	C2203201003	地质参数体积法	334-2	0.3	小型	小型	小型

第七节 预测区地质评价

一、预测区级别划分

A 类预测区选择：最小预测区含矿建造与模型区相同，有已知矿床。
C 类预测区选择：最小预测区含矿建造与模型区相近，有已知矿点。

二、评价结果综述

通过对吉林省铬铁矿预测工作区的综合分析，依据最小预测划分条件共划分 3 个最小预测区，其中 A 级最小预测区 1 个，为成矿条件好区，具有很好的找矿前景；C 级最小预测区 2 个，有相近成矿建造和矿点，可以辅助一些其他手段进一步预测。评价结果及最小预测区资源量见表 8-7-1。

表 8-7-1　铬铁矿最小预测区估算预测资源量规模表

预测工作区编号	预测工作区名称	预测方法	资源量 500m 以浅	资源量 1000m 以浅	资源量 2000m 以浅
2203201017	小绥河	地质参数体积法	小型	小型	小型
2203201018	开山屯	地质参数体积法	小型	小型	小型
2203201019	头道沟	地质参数体积法	小型	小型	小型

三、预测工作区资源总量成果汇总

本次资源量估算采用地质体积法，仅对小绥河式侵入岩浆型铬铁矿 334-1 类和 334-3 类预测类型的预测资源量进行了估算，并按预测方法分别进行了统计。

（一）按精度

预测工作区预测资源量按精度统计结果见表 8-7-2。

表 8-7-2　铬铁矿预测工作区预测资源量按精度统计表

预测工作区编号	预测工作区名称	按精度预测资源量/万 t		
		334-1	334-2	334-3
2203201017	小绥河	小型		
2203201018	开山屯		小型	
2203201019	头道沟		小型	

（二）按深度

预测工作区预测资源量按深度统计结果见表 8-7-3。

表 8-7-3　铬铁矿预测工作区预测资源量按深度统计表

预测工作区编号	名称	500m 以浅（规模）			1000m 以浅（规模）			2000m 以浅（规模）	
		334-1	334-2	334-3	334-1	334-2	334-3	334-1	334-2
2203201017	小绥河	小型			小型			小型	
2203201018	开山屯		小型			小型			小型
2203201019	头道沟		小型			小型			小型

（三）按矿产预测类型

预测工作区预测资源量按矿产预测类型统计结果见表 8-7-4。

表 8-7-4　铬铁矿预测工作区预测资源量按矿产预测类型统计表

预测工作区编号	名称	小绥河式岩浆型（规模）		
		334-1	334-2	334-3
2203201017	小绥河	小型		
2203201018	开山屯		小型	
2203201019	头道沟		小型	

（四）按可利用性类别

预测工作区预测资源量规模按可利用性类别统计结果见表 8-7-5。

表 8-7-5　铬铁矿预测工作区预测资源量规模按可利用性统计表

预测工作区编号	预测工作区名称	可利用			暂不可利用		
		334-1	334-2	334-3	334-1	334-2	334-3
2203201017	小绥河	小型					
2203201018	开山屯		小型				
2203201019	头道沟		小型				

（五）按预测区类别

预测工作区预测资源量规模按预测区类别统计结果见表 8-7-6。

表 8-7-6　铬铁矿预测工作区预测资源量规模按预测区类别统计表

预测工作区编号	预测工作区名称	预测区类别		
		A	B	C
2203201017	小绥河	小型		
2203201018	开山屯			小型
2203201019	头道沟			小型

（六）按可信度统计分析

铬铁矿预测工作区预测资源量按可信度统计结果见表 8-7-7。

表 8-7-7　铬铁矿预测工作区预测资源量按可信度统计表

预测工作区编号	预测工作区名称	≥0.75			0.75～＜0.5			0.5～0.25	
		334-1	334-2	334-3	334-1	334-2	334-3	334-1	334-2
2203201017	小绥河	小型							
2203201018	开山屯								小型
2203201019	头道沟								小型

第九章 吉林省铬铁矿成矿规律总结

第一节 铬铁矿成矿规律

吉林省铬铁矿主要集中在海西期，其分布严格受深大断裂带控制或相对隆起和坳陷两种构造单元衔接部位控制，矿床赋存于基性—超基性岩体中，沿舒兰-伊通深断裂的南缘活动带分布。

一、铬铁矿矿床成因类型

吉林省铬铁矿按照成矿物质来源与成矿地质条件，成因类型划分仅为侵入岩浆型矿床。按成因类型厘定全国矿床式为小绥河式，总体来看，吉林省永吉小绥河铬铁矿、龙井彩秀洞铬铁矿、开山屯铬铁矿和头道沟多金属硫铁矿等形成均与二叠纪超基性岩体、深大断裂关系密切，矿床成因类型为侵入岩浆型，铬铁矿成矿规模以小型以下矿床为主。

二、控矿地质因素

1. 构造控矿

构造是控制矿床的形成、分布的重要因素，它控制含矿建造的形成，提供岩浆侵位、矿液的运移、富集沉淀的通道和空间。

与铬铁矿成矿关系密切的深大断裂，如舒兰-伊通断裂、图们江大断裂，由于这种断裂切割深一直到上地幔，因此沿断裂带往往有大量的基性—超基性岩浆喷发和侵入，同时也控制了与基性—超基性岩有关的铬铁矿的产出，铬铁矿也受平行于深大断裂的次级断裂控制。

不同的构造发展阶段控制不同的矿床形成，不同级别的构造控制着不同级别的矿带、矿田的分布。小绥河铬铁矿主要受舒兰-伊通深大断裂控制，矿产储量为小型，为吉林省较大铬铁矿。头道沟多金属硫铁矿受舒兰-伊通次级断裂柳河-吉林断裂带控制，开山屯铬铁矿受图们江大断裂控制，后两者矿产储量均较低，几乎无开采价值，尤其头道沟多金属硫铁矿，根据物探、化探、遥感信息初步判断，沿断裂带向深部找铬铁矿潜力很大。

2. 侵入岩控矿

岩浆成矿作用主要提供热能、热液和成矿物质3个方面，在不同矿床中，岩浆起到的作用也不尽相同。由早古生代基底发展而来的晚古生代地壳，成熟度大为提高，沉积范围缩小，稳定性增强，晚古生代晚期沿断裂侵入基性—超基性岩，广泛分布于吉北古生代褶皱带的新生陆壳闭合带中，是吉林省 A 型碰撞含铬超基性岩类的主要活动期。例如东部山区的开山屯岩带、永吉小绥河岩带以及头道沟岩群，均为含铬的镁质超基性岩体。这些含铬岩体，往往只是呈点状分布。在芹菜沟岩带中发现一处小矿体，在头道沟岩带中发现 30 余处铬铁矿体或矿群。矿体规模小，不具工业价值。它的成因主要有两点：其一主侵体位于主侵通道构造内，直接与深处的岩浆房相通，不仅岩浆可以直接侵入，而且成矿的矿浆和挥发组分可以由深部直接贯入，还可以有多次补充，因而具有很好的成矿和赋矿条件；其二溢流体和溢离体则因距主侵通道较远以及有围岩阻隔（溢离体），造矿的矿浆和挥发分难以抵达和多次补给，因而成矿条件很差或根本不具备，大多不会形成有价值的矿床或矿体。产生小规模矿体主要因素应为后者。

纯橄岩-斜辉橄岩建造是吉林省内最重要的一种含铬超基性岩建造，如开山屯、小绥河岩群，主要由斜辉橄榄岩组成，纯橄岩均不是独立岩相，多为溢离体群出现。开山屯以镁橄榄石为主，附生铬尖晶石，属铁质铝铬铁矿型，而小绥河岩体则为镁-贵橄榄石，附生铬尖晶石，多为铁质、富铁铝铬铁矿型，均常发育较强烈的蛇纹石化。

纯橄岩-斜辉辉橄岩-橄榄岩建造是吉林省内次要的含铬岩体类型，如永吉县头道沟岩群，纯橄岩多呈脉状、扁豆状、透镜状异离体，产于岩群一端的岩体中，往另一端则逐渐减少。主要造岩矿物为镁橄榄石、贵橄榄石。斜辉辉橄岩是本类型岩体的主体相，由贵橄榄石和斜方辉石组成。橄榄岩为独立岩相产出，成为各种形态之溢离体，主要由贵橄榄石、斜方辉石及单斜辉石组成（陈尔臻等，2001；金丕兴等，2005）。

三、矿床空间分布规律

吉林省铬铁矿矿产资源分布较少，主要在吉林、延边地区零散分布，铬铁矿床主要分布于坳陷区，而开山屯铬铁矿，分布于隆中之坳，总的看也是坳陷区。

吉林省铬铁矿床空间分布主要与古生代多旋回岩浆活动形成的超基性岩体相关，与海西期构造旋回岩浆活动关系密切。

张广才岭-吉林哈达岭古生代铬铁矿成矿最为明显，沿舒兰-伊通断裂带分布，大黑山条垒中部北缘西侧构造单元的接触界线均为岩石圈断裂，为成矿创造良好的条件。分布有小绥河预测工作区、头道沟预测区，主要矿床有小绥河铬铁矿、永吉头道沟多金属硫铁矿，该区域为吉林省铬铁矿重要的成矿远景区。

开山屯预测工作区靠近图们江大断裂成矿，大断裂控制了侵入岩及铬铁矿的展布。开山屯铬铁矿位于延吉市子洞村，有草坪和彩秀洞两处矿点，皆在朝阳川-开山屯的南面。

国内外的资料表明，所有的内生铬铁矿床均直接产于超基性岩体或基性—超基性杂岩体中，吉林省含铬的镁铁—超镁铁质岩，主要出露在东北亚板块群与中朝板块陆陆对接所形成的晚海西期—早印支期 A 型花岗岩带上或其两侧，由北西向南东包括了花信子、滑球山（平安堡）、小绥河、头道沟、山秀岭等岩体（块）群。所获测年资料亦出现由北西向南东逐渐变新（图 9-1-1），可能反映了不同时期拉张过渡的特征。

吉林省内生铬铁矿主要受岩浆活动的控制，尤其是海西期岩浆活动控制更为明显，表现在含矿岩浆叠加成矿，因此，区内铬铁矿床均沿超基性岩带展布（以古生代超基性岩为主），也显示其空间分布的特征。

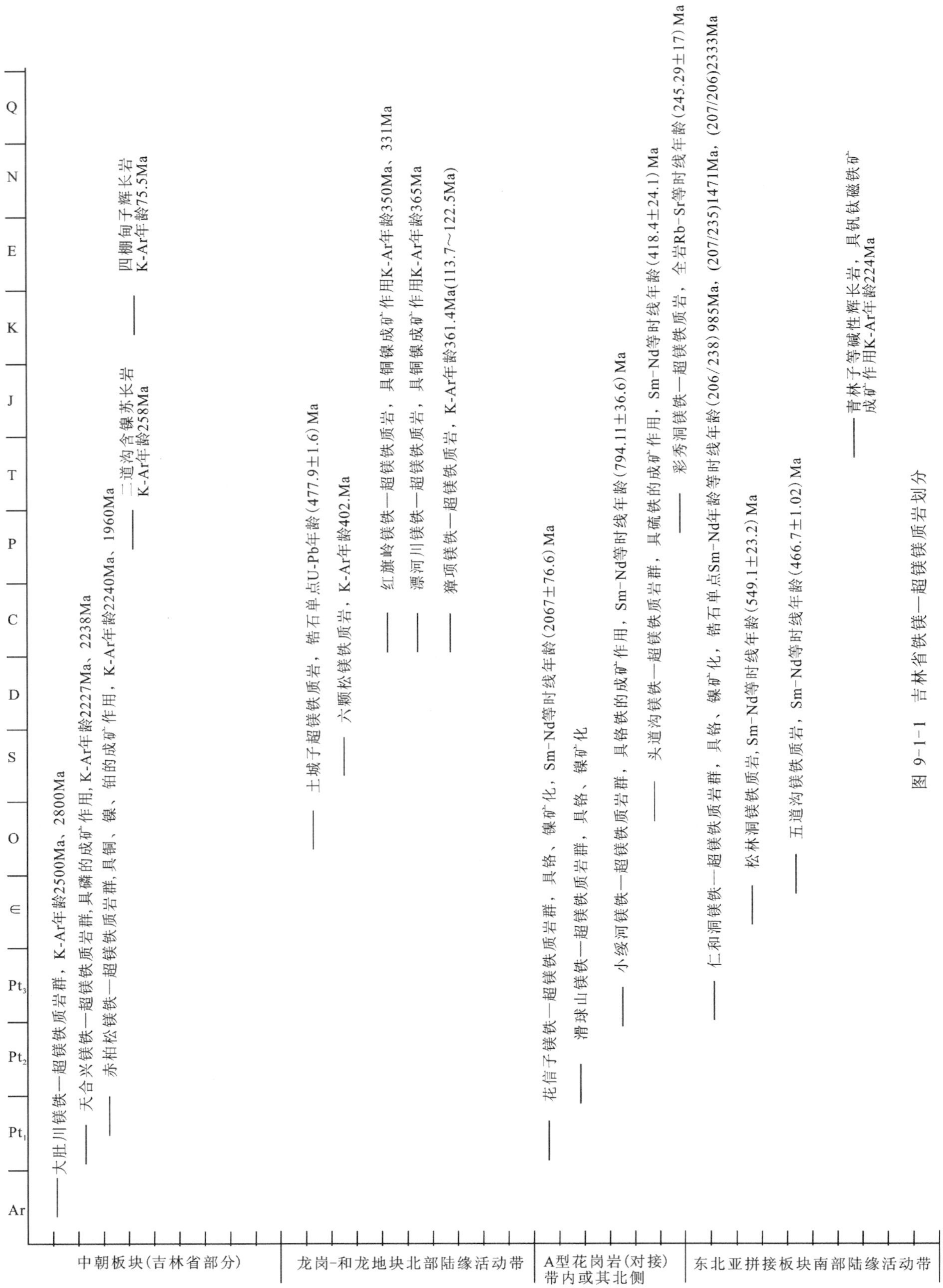

图 9-1-1 吉林省铁—超镁质岩划分

四、矿床时间分布规律

吉林省铬铁矿主要在古生代成矿时期形成,早古生代成矿作用主要发育在大洋壳及岛弧环境,在大陆边缘裂陷区有贵金属及黑色金属矿床生成。晚古生代在早古生代褶皱基底之上陆表海环境内,伴以裂陷火山岩带,发育有色、贵金属矿集结区。早、晚古生代递变期强烈的构造作用,导致基性—超基性岩上侵形成铬及铜、镍硫化物矿床。

随着早古生代沉积作用结束取而代之为强烈的构造变动,控制这里沉隆作用的舒兰-伊通断裂活动加剧,深切至上地幔,致使基性—超基性岩浆沿其侧支断裂上侵地层表层,同时与地层密切伴生的冷侵位超基性岩富含铬矿体,它们统一构成头道沟蛇绿岩套成矿作用。早古生代吉林-延边裂陷槽发育头道沟多金属超基性岩铬铁矿,晚古生代成熟地壳局部裂陷槽发育,沿断裂侵入的超基性侵入岩形成有小绥河、开山屯铬铁矿。

图 9-1-1 中小绥河铬铁矿成矿 Sm-Nd 等时线年龄(794.11 ± 36.6)Ma,其同位素年龄偏早。而根据最近资料数据,小绥河铬铁矿主要近矿围岩超基性岩体同位素年龄 360Ma(沈阳地质研究所,2004),头道沟镁铁—超镁铁质岩 Sm-Nd 等时线年龄(418.4 ± 24.1)Ma,彩秀洞镁铁—超镁铁质岩 Sm-Nd 全岩等时线年龄(245.29 ± 17)Ma,上述铬铁矿同位素年龄值说明铬铁矿主成矿期应为海西期。

五、矿床形成矿源体和成矿物质来源

矿源体为岩浆自身带来的矿质,成矿物质来源于地下深部岩浆,在导浆通道和深成岩体的岩浆房中超基性岩富集铬铁矿熔体在挥发分及压力作用下,短距离移动而充填附近裂隙中形成小规模、形状复杂又严格受裂隙控制的铬铁矿矿体。矿体形成后又遭受构造破坏,将矿体错开,形成角砾状构造热液型铬铁矿矿石。

六、成矿地质历史演化轨迹及区域成矿模式

吉林省铬铁矿演化过程主要经过早古生代过渡型地壳广海裂陷槽铁、锰、金、多金属及铬镍等成矿机制,晚古生代成熟地壳裂陷槽金银、多金属及铬铁的成矿,总体构成一个复杂的区域性成矿特点。

铬铁矿成矿模式为超基性岩浆侵入后,岩体顶部开始固结,并产生一系列的节理裂隙,含铬硅酸岩残浆,受底部压力作用,沿节理或裂隙经短距离移动而沉淀富集下来,形成小规模的矿体。

超基性岩体形成后,岩石具柔性状态,体积增大,同时受应力作用,纤维蛇纹石被叶蛇纹石交代,岩体边部具有绿泥石化、阳起石化、碳酸盐化等晚期热液特征。

第二节 成矿区(带)划分

根据吉林省铬铁矿的控矿因素、成矿规律、空间分布,在参考全国成矿区(带)划分和吉林省综合成矿区(带)划分的基础上,对吉林省铬铁矿成矿区(带)进行了详细的划分,见表 9-2-1。

表 9-2-1　吉林省铬铁矿成矿区(带)划分表

Ⅰ	板块	Ⅱ	Ⅲ	成矿亚带	Ⅳ	Ⅴ	代表性矿床(点)
Ⅰ-4滨太平洋成矿域	吉黑板块	Ⅱ-13吉黑成矿省	Ⅲ-55吉中-延边(活动陆缘)MoAuAsCuZnFeNi成矿带	Ⅲ-55-①吉中 MoAgAsAuFeNiCuZnW 成矿亚带	Ⅳ5山河-榆木桥子AuAgMoCuFePbZn成矿带	Ⅴ₁1大黑山MoCuAuFe找矿远景区	永吉头道沟多金属硫铁
						Ⅴ₁3大绥河CuFe找矿远景区	小绥河铬铁矿
				Ⅲ-55-②延边AuCuPbZnFeNiW成矿亚带	Ⅳ₁2天宝山-开山屯PbZnAuNiMoCuFe成矿带	Ⅴ39开山屯AuCuFe找矿远景区	开山屯铬铁矿

第三节　区域成矿规律图编制

通过对铬铁矿种成矿规律研究,从典型矿床到预测工作区成矿要素及预测要素进行归纳总结,编制了吉林省铬铁矿区域成矿规律图。

吉林省铬铁矿区域成矿规律图中反映了铬铁矿床及其共生矿种的规模、类型、成矿时代;成矿区(带)界线及区(带)名称、编号、级别;与铬铁矿的主要和重要类型矿床勘查和预测有关的综合信息;主要矿化蚀变标志;突出显示矿床和远景区及级别。具体编图步骤如下。

(1)吉林省区域成矿规律图选择比例尺1:50万。

(2)底图的选择。采用综合地质构造图。

(3)矿床的表示。矿种、规模(小型、矿点)、类型、时代、共生、伴生有益元素、矿床编号等。在没有中型矿床的区域,矿点和矿化点也有助于成矿预测,可以对找矿前景进行分析。

(4)有关的物探、化探、自然重砂异常资料。根据具体情况决定表达的内容和方式,原则是既要体现成矿规律,又要便于成矿预测。

(5)划分成矿区(带)及成矿密集区。Ⅰ~Ⅲ级成矿区(带)的划分由项目成矿规律综合组负责完成,前期工作参照已有的90个Ⅲ级成矿区(带)的划分方案(徐志刚等,2008)。成矿密集区(简称矿集区)与成矿区(带)的划分,成矿区(带)强调总体成矿特征和成矿条件,矿集区强调矿产资源本身的分布特征,矿集区的级别接近于Ⅳ级成矿区(带),对应于Ⅴ级,分布面积在$300\sim800km^2$之间,各矿集区存在已知矿床,并根据矿床的规模、数量、密集程度对矿集区进行分类。在全省成矿规律图上划分到Ⅴ级矿集区。

(6)提交与成矿规律图上表示的矿产地相对应的数据库表格及说明书,图面上仅有小型矿床,没有中型以上的矿床。

根据以上内容编制成矿规律图。图件编制表达形式、图例等须按技术要求统一规定进行。成矿规律图附有吉林省、区编号的矿床成矿系列表和矿床统一编号表。此外还编制地球物理、地球化学异常分布及遥感解译图层、成矿远景区、找矿靶区预测图层。

在上述图件及图层的基础上,按预测子项目技术要求编制吉林省成矿预测图及矿产勘查部署建议图。

第十章 结 论

一、主要成果

(1) 铬矿矿产资源潜力评价是一项预测性质的工作,吉林省应用1:5万区域地质调查资料属于中比例尺矿产预测阶段,工作重点是以铬铁矿预测、圈定Ⅲ(矿带)、Ⅳ(矿田)级远景区为主线,配合物探、化探、遥感、自然重砂等综合信息对铬铁资源潜力进行找矿评价。

(2) 在资料应用方面,系统地收集了省域内地质、物探、化探、遥感、自然重砂的大比例尺资料,完成了铬铁矿典型矿床研究,为深入开展铬铁矿产基础地质构造研究和矿产资源潜力评价建立了基础。

(3) 在成矿规律研究方面,从成矿控制因素和控矿条件分析入手,划分了吉林省铬铁矿矿床成因类型,遴选典型矿床,建立了综合找矿模型,为资源潜力评价建立各预测类型的预测原则,奠定了基础。

(4) 较详细地研究了省内含矿地层成矿岩体,控矿构造与物探、化探、遥感、自然重砂的关系,建立了各成矿要素的预测模型,为划分成矿远景区(带)提供了依据。

(5) 以含矿建造和矿床成因系列理论为指导,以综合信息为依据,划分了省内Ⅲ~Ⅳ成矿远景预测区,并按矿种划分了Ⅲ级成矿预测远景区(带)的类型。圈定铬铁矿预测工作区3个,这些预测工作区,为全省矿产资源潜力远景评价提供了不可缺少的找矿依据。

(6) 本次采用地质体积法进行吉林省铬铁矿资源量预测,是矿产潜力评价主要成果。使用较先进的MRAS软件进行数据处理和空间分析,在3个预测工作区中,利用典型矿床建立1个矿产预测模型,优选了3个最小预测区进行定量估算,铬铁矿预测资源量规模确定为小型。

二、质量评述

吉林省铬铁矿资源潜力评价按照全国项目统一的技术要求所规定的工作程序、技术方法及工作内容进行,提交的报告和图件资料比较齐全,成果报告内容较全面,基本符合全国矿产资源潜力评价的技术质量要求和验收标准。

三、存在的问题及建议

在开展铬铁矿的资源量预测工作中,使用1:5万建造构造图、矿产分布图和1:5万地球化学异常图、综合异常图等资料的质量精度,直接影响最小预测区的圈定质量,也决定了资源量预测成果的精度。在圈定的1:5万最小预测区的基础上再利用更大比例尺的地质矿产、综合物化探资料开展资源量预测,可进一步提高预测可靠性。

主要参考文献

陈毓川,1999.中国主要成矿区(带)矿产资源远景评价[M].北京:地质出版社.

陈毓川,王登红,等,2010.重要矿产和区域成矿规律研究技术要求[M].北京:地质出版社.

陈毓川,王登红,等,2010.重要矿产预测类型划分方案[M].北京:地质出版社.

范正国,黄旭钊,熊胜青,等,2010.磁测资料应用技术要求[M].北京:地质出版社.

吉林省地质矿产局,1989.吉林省区域地质志[M].北京:地质出版社.

贾汝颖,1988.吉林省的矿产资源[J].吉林地质(2):50-59.

潘桂棠,肖庆辉,陈松年,等,2008.中国大地构造单元划分[J].中国地质,36(1):1-28.

彭玉鲸,王友勤,刘国良,等,1982.吉林省及东北部邻区的三叠系[J].吉林地质(2):20-35.

彭玉鲸,苏养正,1997.吉林中部地区地质构造特征[J].沈阳地质矿产研究所所刊(5/6):335-376.

彭玉鲸,苏养正,2009.吉林省晚印支期—燕山期成矿事件年谱的拟建及特征[J].吉林地质,7(2):335-345.

钱大都,1996.中国矿床发现史·吉林卷[M].北京:地质出版社.

施俊法,唐金荣,周平,等,2010.找矿模型与矿产勘查[M].北京:地质出版社.

王登红,应汉龙,骆耀南,等,2002.试论与布什维尔德杂岩体有关的铂族元素铬铁矿矿床成矿系列及其对中国西南部的意义[J].地质与资源,11(4):243-249.

向运川,任天祥,牟绪赞,等,2010.化探资料应用技术要求[M].北京:地质出版社.

熊先孝,薛天兴,商朋强,等,2010.重要化工矿产资源潜力评价技术要求[M].北京:地质出版社.

徐志刚,陈毓川,王登红,等 2008.中国成矿区(带)划分方案[M].北京:地质出版社.

叶天竺,1985.吉林省有色金属主要成矿建造及找矿方向的初步探讨[J].吉林地质科技情报(2):12-23.

叶天竺,姚连兴,黄南庭,1984.吉林省地质矿产局普查找矿总结及今后工作方向[J].吉林地质(3):74-78.

于学政,曾朝铭,燕云鹏,等,2010.遥感资料应用技术要求[M].北京:地质出版社.

翟裕生,1999.区域成矿学[M].北京:地质出版社.

内部参考资料

陈尔臻,彭玉鲸,韩雪,等,2001.中国主要成矿区(带)研究(吉林省部分)[R].长春:吉林省区域地质矿产调查所.

郭洪升,等,1972.吉林省永吉县小绥河铬铁矿详查评价报告[R].吉林:吉林省地质局吉中地区综合地质大队.

吉林省吉中队,1964.吉林省永吉县头道沟地区铬铁矿普查评价报告[R].吉林省地质局吉中地区综合地质大队.

金丕兴,等,1992.吉林东部山区贵金属及有色金属矿产成矿预测报告[R].长春:吉林省地质矿产局.

骆忠良,等,1976.吉林省永吉县硫铁矿地质勘探报告[R].吉林:吉林省地质局吉中地区综合地质大队.

王子鸣,庄伟芳,李家厚,1964.吉林永吉县头道沟地区铬铁矿普查评价报告[R].吉林:吉林省地质局吉中地区综合地质大队.

许以衡,等,1978.吉林省永吉县头道沟Ⅰ号超基性岩体铬铁矿普查评价报告[R].吉林:吉林省地质局吉中地区综合地质大队.

朱穗龙,等,1951.延吉县开山屯(草坪、彩秀洞)铬铁矿矿区调查报告[R].沈阳:沈阳地质矿产研究所.